空间信息发展与模式研究

赵　军　编著

辽宁科学技术出版社
·沈阳·

图书在版编目（CIP）数据

空间信息发展与模式研究 / 赵军编著. —沈阳：辽宁科学技术出版社，2022. 11（2024.6重印）
ISBN 978-7-5591-2780-8

Ⅰ. ①空… Ⅱ. ①赵… Ⅲ. ①空间信息技术—研究 Ⅳ. ①P208

中国版本图书馆 CIP 数据核字（2022）第197364号

出版发行：辽宁科学技术出版社
（地址：沈阳市和平区十一纬路 25 号 邮编：110003）
印 刷 者：沈阳丰泽彩色包装印刷有限公司
经 销 者：各地新华书店
幅面尺寸：170mm × 240mm
印 张：8
字 数：140 千字
出版时间：2022 年 11 月第 1 版
印刷时间：2024 年 6 月第 2 次印刷
责任编辑：陈广鹏
封面设计：颖 溢
责任校对：李淑敏

书 号：ISBN 978-7-5591-2780-8
定 价：38.00元

联系电话：024-23280036
邮购热线：024-23284502
http:www.lnkj.com.cn

目录

1 概述

“一带一路”倡议最初由国家主席习近平在2013年9月、10月出访中亚、东南亚时提出，是“丝绸之路经济带”和21世纪“海上丝绸之路”的简称。“丝绸之路经济带”是在“古丝绸之路”概念基础上形成的一个新的经济发展区域，它以资源丰富的中亚为腹地，东接充满活力的亚太经济圈，西连欧洲发达经济体，被认为是“世界上最长、最具有发展潜力的经济大走廊”。21世纪“海上丝绸之路”是古代海上丝绸之路在新时期的丰富和延伸，通过海上互联互通、港口城市合作以及海洋经济合作等途径，促进中国和东南亚国家共同发展，最终形成海上“丝绸之路经济带”，从规模和内涵上进一步提升东盟等国家与中国的经济贸易关系。2015年3月，国务院发布《“一带一路”愿景与行动》，把“政策沟通、设施联通、贸易畅通、资金融通、民心相通”作为主要建设内容，并明确将“完善空中（卫星）信息通道”作为设施联通的重要方面。

与国家“一带一路”倡议深度融合，带动我国航天“走出去”，提供全球化服务是未来我国航天发展的内在要求和必然选择。本书从案例层面、理论层面和需求层面开展研究，分析“一带一路”空间信息走廊可行的合作模式和合作策略，并提出卫星通信、卫星导航、卫星遥感的重点合作领域和合作路径。

2 “一带一路”倡议

2.1 “一带一路”倡议解读

2013年9月7日，国家主席习近平在哈萨克斯坦纳扎尔巴耶夫大学作重要演讲时提出共同建设“丝绸之路经济带”的构想。目前，“丝绸之路经济带”已经成为中国经济发展及外交事业的一大重要倡议，并与“21世纪海上丝绸之路”构成了“一带一路”倡议。“一带一路”倡议充分依靠中国与有关国家既有的双多边机制，借助既有的、行之有效的区域合作平台，旨在借用古代丝绸之路的历史符号，高举和平发展的旗帜，积极发展与沿线国家的经济合作伙伴关系，共同打造政治互信、经济融合、文化包容的利益共同体、命运共同体和责任共同体。《推动共建丝绸之路经济带和21世纪海上丝绸之路的愿景与行动》明确指出，“一带一路”建设要坚持共商、共建、共享原则，积极推进沿线国家发展战略的相互对接，同时积极利用现有双边、多边机制，推动“一带一路”建设，促进区域合作蓬勃发展。

总体而言“一带一路”是中国全方位改革开放的格局和周边外交的倡议框架。“一带一路”顺应世界区域经济一体化发展趋势，以周边为基础加快实施自由贸易区战略，实现商品、资本和劳动力的自由流动，为发展中国西部地区、实施向西向南开放的倡议，形成全方位开放新格局。“一带一路”贯穿欧亚非大陆，整个区域存在“两头高、中间低”的现象，一头连接活跃的东亚经济圈，一头连接发达的欧洲经济圈，中间“塌陷地带”国家经济潜力发展空间巨大。

“一带一路”倡议在平等的文化认同框架下开展国际合作，体现的是和平、交流、理解、包容、合作、共赢的精神。强调与沿线国家发展战略、规划、标准、技术的对接，旨在将中国的发展机遇变成沿线国家的发展机遇，谋求不同种族、信仰、文化背景国家共同发展，通过设立丝路基金和亚洲基础设施投资银行，为周边国家和区域合作提供金融支持。通过中亚、中东、东南亚、南亚、东非等多条线路从陆上和海上同时开展经济走廊、工业园区、港口建设等项目，逐步实现欧亚非互联互通的美好蓝图。“一带一路”倡议的合作重点在于“互联互通”，即政策沟通、设施联通、贸易畅通、资金融通、民心相通，其中设施联通明确指出：基础设施互联互通是“一带一路”建设的优先领域；完善空中（卫星）信息通道，扩大信息交流与合作。可以看出，构建“空中信息走廊”是对“一带一路”倡议的坚定执行，也是中国航天产业“走出去”的重要倡议机遇。

经过近8年时间，“一带一路”建设从无到有、由点及面，全球100多个国家和国际组织共同参与，与中国签署合作协议，形成广泛的国际合作共识，对于推进中国新一轮对外开放和沿线国家共同发展具有重要意义。航天国际化发展以其独特的优势和地位，在这个战略推进过程中发挥重要作用。

2.2 “一带一路”沿线国家概况

“一带一路”沿线国家横跨亚欧非三大洲，从东北亚、东南亚延伸到中亚、南亚和西亚，直至中东欧和北非地区，地理上包括欧亚大陆和太平洋、印度洋沿岸的65个（“一带一路”是开放的、包容的，不限于此数字）国家和地区，多为发展中国家和新兴经济体，也有发达国家。有学者将参与“一带一路”建设的国家分为两类，一类是发展中国家，希望得到最大投资进行基础设施建设，同时推动自由贸易、拉动其经济增长。另一类是发达国家，他们看到中国推动“一带一路”倡议将产生巨大的商业机会，希望在建立公平透明的规则制度下参与其中，共同获利。

表 2-1 “一带一路”沿线国家

区域	国家	数量
东南亚	泰国、印度尼西亚、东帝汶、菲律宾、柬埔寨、老挝、马来西亚、缅甸、文莱、新加坡、越南	11国
东亚	蒙古国	1国
南亚	印度、巴基斯坦、孟加拉国、斯里兰卡、尼泊尔、不丹、马尔代夫	7国

续表

区域	国家	数量
中亚	哈萨克斯坦、土库曼斯坦、乌兹别克斯坦、吉尔吉斯斯坦、塔吉克斯坦	5国
西亚	以色列、阿拉伯联合酋长国、阿富汗、阿曼、阿塞拜疆、巴勒斯坦、巴林、格鲁吉亚、卡塔尔、科威特、黎巴嫩、塞浦路斯、沙特阿拉伯、土耳其、叙利亚、亚美尼亚、也门、伊拉克、伊朗、约旦	20国
中东欧	阿尔巴尼亚、爱沙尼亚、保加利亚、波兰、波斯尼亚和黑塞哥维那、黑山、捷克、克罗地亚、拉脱维亚、立陶宛、罗马尼亚、马其顿、塞尔维亚、斯洛伐克、斯洛文尼亚、匈牙利	16国
东欧	俄罗斯、乌克兰、白俄罗斯、摩尔多瓦	4国
北非	埃及	1国

注：国家为在《2014年全球航天竞争力指数报告》中有排名的国家。

根据由北京师范大学“一带一路”研究院、新兴市场研究院等机构于2017年上半年联合发布的《“一带一路”沿线国家经济社会发展报告》中指出，“一带一路”沿线总人口约46亿，约占全球的62%；GDP总量约23万亿美元，约占全球的31%。报告显示，沿线国家综合发展水平（衡量综合发展水平的指标的选取主要包括以下几个方面：经济发展、国家治理、资源利用、环境保护、社会发展、营商环境、结构转型、国家规模等）新加坡、马来西亚、爱沙尼亚、立陶宛排名前五位，巴勒斯坦、伊拉克、也门、叙利亚和阿富汗排名最后五位。经济发展方面，沿线国家大多为收入低速增长的中等水平国家，其中经济发展水平较高的国家能源储备较为丰富，对外开放度和教育水平也较高，国民储蓄有较高的积累。同时，也存在经济发展不平衡的现象，高收入国家18个，中高收入国家22个，低收入国家2个。在经济发展过程中也面临着经济发展模式单一、主要依赖能源或一些传统支柱产业，中等收入国家金融波动频发，低收入国家陷入国家高消费、低储蓄、低投资的贫困陷阱等诸多问题。

根据世界银行WDI数据，“一带一路”沿线国家国土总面积5161.91万平方千米，约占全球总面积的1/4，各国土地面积差异悬殊，超100万平方千米的有8个国家，分别是俄罗斯、印度、哈萨克斯坦、沙特阿拉伯、印度尼西亚、伊朗、蒙古国、埃及，上述8国的国土面积占65国总面积79.51% 。这也决定了以上8国将会是沿线国家中资源开发和发展快速的热门地区，也是中国进行航天国际合作的首选伙伴。

3 研究方案

3.1 研究思路

从案例层面、理论层面和需求层面开展研究，分析“一带一路”空间信息走廊可行的合作模式和合作策略，并提出卫星通信、卫星导航、卫星遥感的重点合作领域和合作路径（图3-1）。

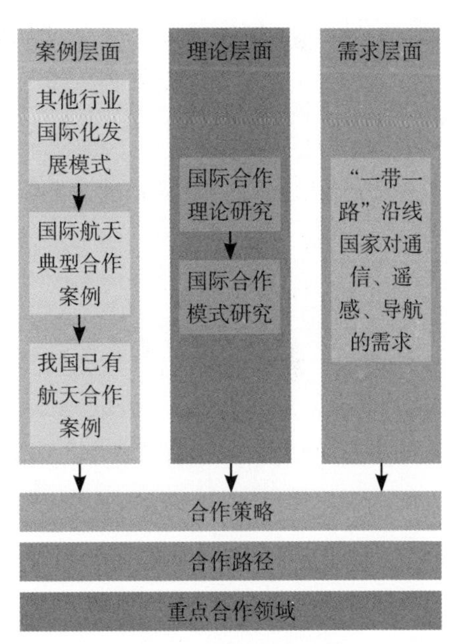

图3-1　课题研究思路

案例层面的研究主要包括三个方面：

（1）GPS、国际空间站等投资大、风险大的庞大航天系统的国际航天典型合作案例，以及欧洲航天局（ESA）的合作管理模式分析。

（2）我国成功的航天合作经验总结，如新亚欧大陆航天国际合作经验、中巴经济走廊航天合作经验等。

（3）其他行业或公司国际化发展的经验借鉴，如华为公司国际化发展策略。

3.2 研究内容

开展更广范围、更深层次的国际合作，是世界航天领域的重要发展趋势，国际化发展策略与模式研究需要从理论、需求、案例三方面入手，研究“一带一路”空间信息走廊可行的合作模式和合作策略，并提出卫星通信、卫星导航、卫星遥感的重点合作领域和合作路径。

国际合作理论研究：对国际合作动因、相互依赖理论、国际机制理论、合作主体理论等开展研究，为“一带一路”空间信息走廊国际化发展提供理论层面的支撑。

案例研究：研究我国以及国际航天合作典型案例，同时借鉴其他行业国际发展模式，总结其成功经验，为“一带一路”空间信息走廊国际化发展提供参考。

需求研究：分析 “一带一路”沿线不同国家对航天不同层次的、不同领域的需求。

国际合作策略、合作模式以及合作路径研究：不同合作策略受到目标国家国情、航天能力、应用需求、合作模式等因素影响。综合考虑国际合作的法律环境、卫星系统建设与运行、地面设施共享、应用服务共享等，紧紧围绕“一带一路”六大经济走廊建设规划任务，研究适合“一带一路”空间信息走廊国际合作策略以及合作路径。

结合近年来快速发展的商业航天，将重点研究遥感商业航天、卫星通信服务的发展历程、运行机制、服务模式，引出遥感商业航天、卫星通信服务应用的国际化发展市场分析策略。

最后，结合国际商业航天市场形势、中国航天企业的SWOT分析，重点分析了中国卫星应用系统在“一带一路”沿线国家商业航天市场的应用空间，并就“一带一路”航天国际化合作前景与模式研究进行了展望。

4 国际合作案例研究

4.1 华为公司国际化发展策略

4.1.1 公司简介

华为技术有限公司是一家生产销售通信设备的民营科技公司，其产品主要涉及通信网络中的交换网络、传输网络、无线及有线固定接入网络和数据通信网络及无线终端产品。至今，华为的产品和解决方案已经在全球170多个国家广泛应用，服务全球运营商50强中的45家。2020年8月，《财富》公布市场500强（企业名单），华为排在全球第49位，2021年世界品牌排名56位。

4.1.2 华为公司国际合作策略分析

4.1.2.1 产品策略分析

第一，华为公司的产品始终贯彻以客户需求为导向的产品差异化策略。华为公司的产品以客户和市场需求作为产品开发的重要驱动力，市场人员同属一个PDT（Product Development Team）团队，使研发出的产品更加贴近用户市场。同时，这种灵活的产品组合方案也能在一定程度上化解华为公司技术上与最先进通信公司差距所带来的功能问题。第二，华为公司致力于打造业界最完整的产品线，并且保证在每个产品上都不会大幅落后于其他竞争对手。这样的产品策略使得华为公司在国际营销中可以结合其价格优势和灵活多变的技术方案与其他优秀的企业进行直接的竞争。第三，华为公司在新技术产品的国际市场拓展方面不同于西方公司的惯用方式。思科、爱立信等大型通信企业通常会从发达国家市场入手，之后逐步推广到发展中国家。因为这样既能有效保护成熟产品的生命周期，又能首先占领高端客户，撇脂定价获取高额利润。而华为公司则多采取全面推广的策略，同时进入发达国家市场和发展中国家市场。这样的策略能在国际上的新产品领域快速建立自己的市场覆盖范围，使自身的新产品、新技术在国际上有所发展，从而提高华为公司自身的市场占有率。

4.1.2.2 价格策略分析

在开拓海外市场的初期，华为在不影响自己公司运营以及保证所需合理利润的基础上，以低于其他同类公司20%～30%甚至更大的价格优势迅速占领市场。但过低的价格可能会遭到竞争对手的敌意，并引发强大竞争对手的群起攻之。所以近几年华为公司有意识地降低发达国家市场产品报价与其他西方公司的差距，从以低价制胜转移到服务快速、产品以客户为导向、高性价比等综合实力上来。在发展中国家市场上，华为公司在贯彻低价格竞争策略的同时，也坚持推进以“双赢”合作为导向使客户在决策过程中更多地考虑华为公司的产品，凭借高性价比的技术、服务水平和商务优势等综合力量争取在激烈的市场竞争中胜出，而不单单凭借低价战略。

4.1.2.3 渠道策略分析

国际市场营销与国内营销相比，最大差别就在于营销的外部环境有明显的不同。如何建设和管理适宜、高效的国际市场营销渠道，也成为华为公司国际营销体系中最复杂的决策之一。从产品角度来划分，全球范围内华为公司在移动网络和固定网络的渠道建设上大多采用总代理加总经销的模式，而在互联网产品上大多采用直销、分销模式。从市场角度来划分，华为公司在发达国家市场坚持以直销模式为主，使华为市场营销网络与目标客户的接触面最大化。

在供应链管理方面，华为公司实行ISC（Integrated Supply Chain）集成供应链管理，其库存周转率和订单履行周期也远低于国际平均水平。重整供应链后，华为公司的交货成本和交货时间在业界都已达到领先水平，逐步建立起以客户为中心、成本最低的集成供应链系统，为华为公司的国际化道路打下良好的基础。

4.1.2.4 促销策略分析

华为公司在不同地区、不同市场的广告宣传方面侧重点也不同。在发展中国家市场上，华为公司着重加强售前技术交流和拓展方面的力度，突出“客户与公司双赢的合作目标”和“实行客户化方案”的华为营销理念，发挥华为公司产品低价格、高性价比的突出优势。在发达国家市场，华为公司重点突出自己在LTE

和5G领域的技术优势，并突出自己良好规范的售后服务这个重要的优势。

4.1.2.5 权力策略分析

华为公司若想顺利地进入某一市场开展生产经营活动，必须得到具有影响力的相关机构、立法部门和政府官员的支持。由于中国制造在国外市场，尤其是欧美发达国家市场中，通常是廉价低质量的代名词。因此，华为公司在进行国际营销中，首先是对中国和中国通信制造业为代表的华为公司的国际形象进行营销。例如华为公司的“东方丝绸之路”，华为公司将潜在的目标客户请到中国的主要代表城市。整个行程下来，那些负责接送的豪华轿车、机票及五星级酒店、自制的宣传中国和华为公司的各种材料等，貌似在短时间内看不到效益的工作，却让华为公司给这些客户强烈地传递了华为公司是拥有良好企业文化且持续发展的高科技企业这种信息，争取到华为公司人员与目标国电信发展决策者和潜在客户高层见面的机会，帮助华为公司快速取得入网许可，顺利进入该国市场。

4.1.2.6 公共关系策略分析

好的公共关系和舆论对于一个跨国公司占领目标国市场大有裨益。因此，通过恰当的公共关系策略树立一个良好的企业形象对于初次建设他国电信网络市场的华为公司来说至关重要。

华为公司会经常邀请行业专家和客户高层召开研讨会，并邀请媒体进行报道等。华为公司还会参加专业的电信展，包括世界级的香港国际电信展、汉诺威国际电信展和莫斯科国际电信展等，以及一些地区或国家级别的展会。华为公司还任命了公司的新闻发言人，适时对公司各种重大消息进行发布。华为公司对各路媒体，特别是发达国家市场的主流媒体采取一定的开放姿态，让大家了解华为公司的技术能力、生产线和设备的先进性。与此同时，华为公司在海外也热心各种公益活动，如向非洲捐款、对赞比亚偏远地区进行通信覆盖、在德国赞助公益长跑活动等活动。这些活动使华为公司在国际市场中建立起一个良好的整体形象。客户一旦决定选择华为公司，今后转移的可能性就比较小了。

4.1.3 华为公司国际化发展策略的不足

4.1.3.1 直销模式使华为公司国际营销成本居高不下

华为公司的直销模式有直接、快速等优点，但这样的直销模式和其粗放的开拓国际市场的方式所带来的成本上升也成为一个必须重视的问题。同时，华为公司在国际市场上市场开发力度不够，营销人员常常点对点进行营销活动，对相关用户的盈利项目挖掘不够彻底。随着华为公司海外拓展进入一个稳定发展的时期，华为公司开拓海外市场不能再像最初那样不计成本。

4.1.3.2 华为公司品牌建设有待进一步提升

首先，西方发达国家市场对华为公司的品牌接受度比较低。华为公司虽然品牌知名度较高，但品牌忠诚度由于进入国际市场较晚的原因，目前重复购买比较少，品牌忠诚度高低尚未显现。而品牌联想度和其他专有品牌资产较之其他西方大公司而言，仍存在较大差距。综合看来，华为公司当前品牌建设仍相对其他大的通信公司较为薄弱，与西方竞争对手差别较大。其次，华为公司在国际市场中缺乏清晰的品牌定位。华为公司虽然目前具有价格相对较低、应用技术较为全面、产品组合多、能够快速响应客户的个性化需求等优点，但时至今日华为公司仍然未能给市场传递出一个清晰的产品区别因素。

4.2 国际航天典型合作案例研究

4.2.1 大型航天企业国际化经营模式及实施途径研究

4.2.1.1 国外航天企业发展模式与创新

商业模式简言之就是公司通过何种途径和方式盈利，是关于企业组织协调价值链上所有参与者来创造价值、实现价值最大化的一个完整的运行系统，任何一个商业模式都是一个由客户价值、企业资源和能力、盈利方式这三个要素构成的三维立体模式，模式的运作就是一个企业如何通过内部的组织管理以低成本实现产品、服务的开发，并与产业链各端形成网络关系来开拓市场、传递价值、获得利润的过程。因此，将商业模式的构成要素与航天产业价值链的各个环节及走向进行结合，可以将航天企业的发展模式从以下几个环节进行划分和组合，即以合理的成本向客户传递价值的“融资模式”，体现企业资源和能力的“组织管理模式”和“产品服务模式”，以及企业实现价值所涉及的渠道和方式的“盈利模式”（图4–1）。

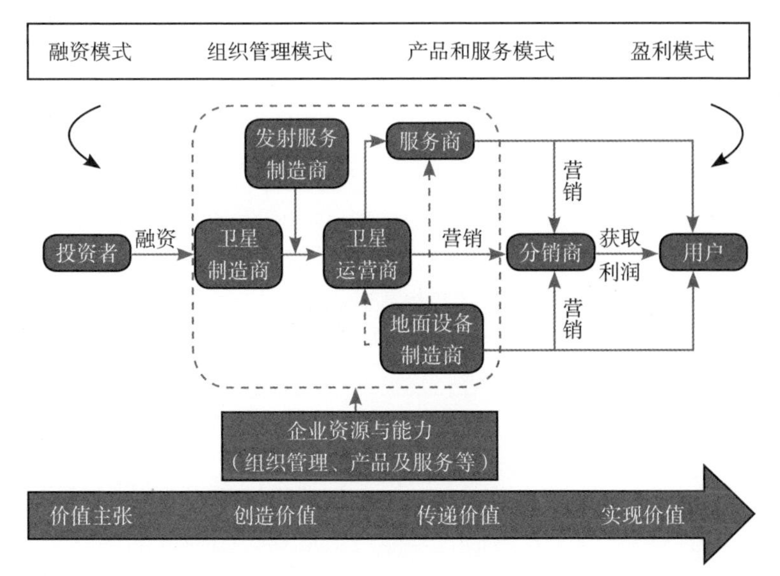

图 4-1 发展模式概述

在全球航天商业化的形势下，一方面，传统航天产业开始瞄准商业航天的市场谋求能力的重新布局和转型。另一方面，随着开发利用空间技术成本的降低，航天准入门槛不断降低，带动大量资源（资本、技术等）进入航天领域，造就了一大批新兴的航天企业。这类企业较之传统航天企业凭借着融资渠道更广、组织管理模式更灵活、产品和服务更贴合市场需求、创新能力更强等优势，快速抢占着商业航天市场。现将传统航天企业和新兴航天企业在融资模式、组织管理模式、产品服务模式及盈利模式四方面的创新和发展进行对比，旨在启发国内航天企业的发展思路，在模式创新方面提供参考（表4-1）。

表 4-1 传统航天企业和新兴航天企业的模式创新

项目	传统航天企业	新兴航天企业
融资模式	以政府和军方订单为主向政府、军方和商业市场订单兼顾发展转变，政府、军方订单是主要的资金来源渠道	风险投资、债券融资、公开募股、种子基金、私募投资、众筹等方式的民间资本取代政府投资，成为主要融资渠道，围绕不同发展阶段、业务类型、战略方向等灵活组合
组织管理模式	由长链条、等级式的组织管理模式逐步向精简、灵活的方式转变，如成立上市公司、设立“特区”等	组织设置强调扁平化，通过减少管理层次简化管理程序，实现组织管理的快速和高效。人员管理强调员工自我驱动，主张靠企业文化和价值观凝聚和引领，鼓励员工围绕市场和用户价值进行协同

续表

项目	传统航天企业	新兴航天企业
产品服务模式	以卫星制造和发射为主的单一产品和服务模式，不断寻求产业链一体化发展	围绕大众用户和商业市场，以投资回报率高和价值增值性强的卫星运营和应用产业为主，不断推动卫星应用与信息通信技术的深度融合，以兼并重组、产业整合的方式快速把创新的产品服务推向市场
盈利模式	主要采用交易型盈利模式，即为用户提供产品和服务，用户付费，交易完成	采取以通过免费开放服务吸引用户和提供增值服务实现盈利的增值盈利模式和通过面向用户提供长期付费的产品或服务获得经常性收入的订购盈利模式为主，以交易盈利模式为补充

从传统航天企业及新兴航天企业的模式创新可以看出，顺应经济发展规律建立与之相适应的发展机制和发展模式才能迈出成功开拓市场的第一步。唯有以市场和用户需求为导向，随时关注市场对产品和服务的需求变化，有针对性地提供满足市场和用户需求的产品和服务，才能有效实现提升盈利能力的目标，在商业航天的市场中分得一杯羹。

4.2.1.2 国内外企业（项目）发展模式分析与思考

（1）空客防务与航天公司（ADS）产业价值链一体化发展

关注商业模式要关注企业在市场中与用户、供应商及其他合作伙伴的关系。当前国外航天企业商业模式呈现最明显的趋势就是产业价值链一体化，一体化指的是价值链上的用户、供应商及合作伙伴等参与者之间的关系越来越密切。产业价值链一体化又可分为横向一体化和纵向一体化。横向一体化是指开展与企业当前业务相竞争（如制造商与制造商、运营商与运营商）或者相补充（如制造商与互补产品的厂商）的活动；纵向一体化又分前向一体化和后向一体化，前向一体化指企业活动向产业价值链的下游延伸，如卫星制造商与卫星运营商合作，卫星运营商与地面电信运营商、目标市场所在区域企业合作；后向一体化指企业活动向产业价值链的上游延伸，如卫星制造商与分系统、单机供应商合作，卫星运营商与卫星制造商合作。

以空客防务与航天公司（ADS）为例，其作为全球第一大跨国航空航天公司的子公司，一直在对自身的发展模式进行坚持不懈地探索和创新，对其产业链横向、纵向的一体化发展极大地推进了ADS的壮大速度。

作为卫星制造商，ADS的横向一体化主要体现在与其他制造商合作共同开发产品和市场及通过商业并购扩大经营规模和业务范围两方面。通过与其他卫星制造商如泰雷兹·阿莱尼亚（TAS）公司合作，共同进行阿尔法（Alphabus）和新星下一代（NEOSAT）平台开发；与印度空间研究组织（ISRO）、俄罗斯的RKK Energy成立合资公司，以载荷加平台的合作模式逐步占领两国及其他周边市场。通过商业并购，如并购英国萨瑞卫星技术有限公司（SSTL）等潜在竞争对手，垄断了国际商业遥感卫星市场，获得利润的同时，大大提升了核心竞争力。

ADS纵向一体化发展又分前向和后向两方向开展。前向一体化主要体现在与商业运营商的合作，如通过收购法国斯波特（SPOT）公司、卫星通信服务供应商Vizada等，逐步实现由制造商向制造—运营商转变。作为卫星制造商的纵向一体化的后向一体化主要体现在与分系统、单机供应商的合作，如并购CRISA、JENA、DUTCH Space等中小型宇航部组件生产企业，使产品供应链实现了完全自主可控（表4–2）。

表4–2　ADS产业价值链一体化发展路径

<table>
<tr><th colspan="2">类别</th><th>方式</th><th>合作方式及成果</th></tr>
<tr><td colspan="2" rowspan="3">横向一体化
并购</td><td rowspan="2">与制造商合作</td><td>泰雷兹·阿莱尼亚（TAS）公司合作，共同进行阿尔法（Alphabus）和新星下一代（NEOSAT）平台开发</td></tr>
<tr><td>与印度空间研究组织（ISRO）、俄罗斯的RKK Energy成立合资公司，以载荷加平台的合作模式逐步占领两国及其他周边市场</td></tr>
<tr><td>并购</td><td>通过商业并购，如并购英国萨瑞卫星技术有限公司（SSTL）等潜在竞争对手，垄断了国际商业遥感卫星市场</td></tr>
<tr><td rowspan="2">纵向一体化</td><td>前向一体化</td><td>与商业运营商合作</td><td>通过收购法国斯波特（SPOT）公司、卫星通信服务供应商Vizada等，逐步实现由制造商向制造、运营商转变</td></tr>
<tr><td>后向一体化</td><td>并购</td><td>并购CRISA、JENA、DUTCH Space等中小型宇航部组件生产企业，使产品供应链实现了完全的自主可控</td></tr>
</table>

ADS将产业价值链一体化的成果应用于商业卫星研制及商业应用等重要领域，取得了非凡成绩，目前在全球范围的卫星设计研制能力排名第二。2016年更是加大了开发力度，进一步推进了新型小卫星生产线、卫星平台改进、具有先进技术的载荷、卫星数据服务、数据模型产品等商业市场上的全产业链能力建设。

与“一网”（OneWeb）公司合资成立OneWeb Satellites公司，研制900颗小卫星建立OneWeb星座，形成全球覆盖的高速互联网，并在市场上推广配套设备与产品，此全面商业化的运作模式将彻底颠覆以往卫星生产模式与发射模式。

已在轨运行的、寄宿于Eutelsat 9B的EDRS-A载荷项目，即“太空数据高速路”项目，已建立起对地观测卫星与欧非拉、中东、北美洲东海岸的无人机之间的激光通信中继与连接，作为先进载荷也将彻底颠覆以往大数据量的卫星通信模式。

卫星商业应用推出也更加频繁，比如：向各行业用户提供全球任意地点的，可用于市政工程规划、偏远地区资源与环境勘测数据的“全球数字高程模型”（WorldDEM）；可在全球任意地区进行每日重访的，通过高精度地表变化监测与容量计算可服务于采矿业，通过显示地质结构、地面与水体及其他地表变化情况等可服务于市政工程的“层积洞察”（Stack Insight）3D影像服务；基于谷歌云平台，用户可在任一地点访问ADS卫星影像数据的“一站式图集”服务等。以上卫星数据产品均面向全球各行业机构与个人用户，商业利润空间巨大。

思考与启示

（1）产业价值链一体化发展是航天应用市场“碎片化”向“系统化”转变的有效途径

从ADS公司2016年在全产业链的建设可以看出，虽然模式创新的作用体现在卫星商业应用价值链的不同环节、有不同的表现方式，但只要有利于企业利益的最大化，无一例外，首选模式都是合作。产业价值链一体化是合作的最佳呈现。鉴于国外航天公司商业模式已经出现了产业价值链一体化的趋势，反观国内商业卫星应用产业的发展，碎片化、单一化严重，资源无法得到有效整合，单兵作战现象突出，尚未出现可与国际一流航天公司匹敌的对手。因此我们在商业卫星市场也应创新思维，结合自身实际，在借鉴的基础上思考与探索一体化发展模式。通过产业价值链一体化发展，可以理性地将“碎片化”项目进行梳理、整合，构建起系统化的秩序，才能得以彰显产业价值链的作用，提升企业竞争力及行业整体能力。

（2）探索产业价值链一体化可以从尝试与供应商、运营商合作入手

从ADS的市场占有率可以看出，产业链上下游进行合作大大提升了企业

的核心竞争力，我们可参考其发展路径，寻求与产业链上下游参与者进行合作的可能性，建立属于我们自己的企业“生态圈”。作为国内领先的卫星制造与应用企业，与上游合作可以尝试全球采购模式，与上游供应商建立战略合作关系；考虑建立多层级供应商，对供应链进行分级管理。与下游合作可考虑从加强与本国运营商合作入手，充分利用资源和人才优势，合力开拓国际市场，实现双赢。

（2）信威集团的“融合模式”和达华智能的“并购战略”

2016年11月，国防科工局、国家发改委出台《关于加快推进“一带一路”空间信息走廊建设与应用的指导意见》提出，积极推动商业卫星系统发展，包括通过政府和社会资本合作（PPP）等多种模式，鼓励社会和国际商业投资建设商业卫星和技术试验卫星，鼓励商业化公司为各国政府和大众提供市场化服务等。国家放宽民营企业进入航天产业领域的准入门槛，给民营航天企业巨大的发展空间，而民营航天企业以灵活的机制、体制和全新的思维方式、发展理念、商业模式参与商业航天竞争，满足了商业航天市场用户的多样性和差异性需求，为商业航天发展注入了新的活力。

本节以作为国内新兴航天企业的代表信威集团和达华智能的发展思路和发展模式为例，对中国特色的商业航天发展模式进行分析，旨在为国有体制内的航天企业拓宽思路、探寻新的方向。

①信威集团的“融合模式”

经过数十年发展，我国卫星产业已经取得长足进步，成为全球第二卫星国，但优势主要体现在遥感和北斗导航领域，而在应用空间最大的卫星通信领域严重滞后，无论是传统的公网通信还是互联网接入，中国都缺乏话语权。而信威集团正是看准了这个商机，近五年立足于做深通信行业垂直领域，发力卫星通信技术和资源的整合，在国内商业航天领域抢占空天信息网络入口的竞争中略占了先机。

信威集团成立于1995年，2003年成功上市，2014年9月完成重组，下属企业40家。目前，已经形成了无线通信及宽带多媒体集群系统、通信网络测试及数据采集分系统、无线政务网建设运营三大业务体系，并已确定了以空天信息、航空及舰船动力产业、亚太国际健康城三大战略业务板块。从低轨星座系统建设到国外商业卫星项目的获得，再到拟收购以色列卫星运营公司，信威一直在打造一种民营企业进入商业航天领域的新模式（表4-3）。

表4-3 信威集团在商业航天领域的发展路径

时间	项目	采用的模式	取得的成果
2014年	低轨卫星星座的建设：我国首颗灵巧通信试验卫星的研制发射成功，被称为“中国民企第一星”	合作：与清华大学共同发起“清华—信威空天信息网络联合中心”，合作研制	在国内首次实现通过低轨卫星完成卫星手持机通话和互联网接入，技术水平跻身国际领先行列
2016年	尼星一号项目：面向海外进行卫星运营，拓展以拉丁美洲为主，覆盖美洲地区的卫星通信市场	海外收购与合作：前期，通过自己的全资子公司卢森堡空天通信公司实施；后续，与全球最主要的对地观测卫星通信公司之一的加拿大麦克唐纳·迪特维利联合有限公司签署了合作备忘录，共同推进此项目	尼星一号占据了非常稀缺的轨位资源，拥有覆盖美洲几乎所有国家的运营许可
2016年下半年	拟收购以色列SCC公司：SCC公司有较好的轨位资源，能更好地在通信领域服务于“一带一路”倡议	海外收购：通过海外收购加速布局和建设基于卫星通信及地面通信相结合的全球天地融合网络	完成收购会使信威集团在人才、技术及轨位资源方面获得长足进步

思考与启示

从信威集团的发展路径可以看出，信威一方面立足国内资源加强自主研发，掌握核心技术，打造低轨星座系统；另一方面，通过海外并购的商业模式，获取稀缺的地球同步轨道卫星的轨位资源，加强产业链整合布局。综合来看，就是技术与资本融合、国内与国外融合、天上和地下融合，这种“融合”发展的“信威模式”为国内积极参与商业航天的民营企业的发展探寻出一条新路，同时也为大型国有航天企业的发展提供了借鉴和合作的机会。

②达华智能的“收购战略”

成立于1993年的达华智能，作为一家集软、硬件产品设计、开发、销售、服务为一体的RFID整体解决方案提供商，以智能生活系统为主要业务方向，形成以物联网产业、OTT、创新性物联网金融为三大核心的业务体系。凭借着在大数据、物联网等领域拥有的领先技术和全产业链的布局发展，成为拥有20多家子公司、市值超过200亿的上市企业，目前已成长为行业的领军企业之一。自2010年开始，集团凭借着清晰的战略规划和管理层的准确决策，通过各项资本运作及合作，不断转型升级，由制造企业转型成为互联网信息企业，再到国际卫星通信运营商，成功开创了民营企业在卫星通信领域的先河，推动卫星通信领域加速进入高通量服务的新时代。达华智能发展路径如表4-4所示。

表4-4　达华智能升级转型的发展路径

时间	项目	采用的模式	取得的成果
2013年	收购新东网100%股权	收购	从智能卡制造企业成功转型为信息互联网企业
2017年4月	收购取得塞浦路斯政府授予的排他性使用三条卫星轨道资源权利的星轨公司	海外收购	这三条轨道位置优越，覆盖西至东非东欧，东至东南亚南太平洋，可以对“一带一路”国家进行全面覆盖；完美地与国内中星16号覆盖领域形成优势互补。借此，达华智能成为国内民营企业第一家拥有Ka高通量卫星使用权利的企业，转型为卫星及通信运营商
2017年8月	以星轨公司为突破口进行境外投资，拟收购马来西亚的ASN Satellites Sdn Bhd公司的40%股权	海外收购	若成功，可助公司快速切入卫星运营、通信等领域，并拥有在马来西亚建立第一座地面站的权利，迅速开展公司载卫星通信领域的相关战略部署

思考与启示

根据其规划，后续将沿着“一带一路”的轨迹展开卫星运行，特别是地面站的建设工作，把中国和海外华人的通信水平提升起来。将继续聚焦卫星及通信领域业务，打造卫星研发和生产、卫星空间段运营、地面应用系统集成和设备制造的完整产业集群，推动我国国际通信的整体发展，成为“天地一体”的卫星及通信领域专业运营商，为整个通信产业的发展起到辐射和带动作用。

分析其发展路径不难看出，达华智能向卫星及通信市场转型，看中的是“一带一路”背景下Ka高通量卫星所带来的巨大市场空间，而似乎没有在中国区域内开展业务的打算，而是定位在“一带一路”地区。达华搭乘“一带一路”倡议、借助稀缺的卫星轨位资源，围绕卫星及通信开展资本运作加快了集团的升级与转型。通过与运营商、设备提供商、应用提供商、卫星制造商等开展全面合作，整合天上的卫星资源和地上的运营网络资源，协作共赢、融合服务，积极为成为天地一体的卫星及通信运营商做准备。达华智能的发展战略除能使客户享受无缝衔接的优质体验、为各个合作伙伴创造更大的价值外，在推动整个卫星通信领域的创新和服务、带动行业升级、促进国家空间战略建设方面也发挥了积极作用。

（3）老挝1号通信卫星“天地一体化+商业运营”模式

老挝1号通信卫星项目是两个政府空间合作框架协议下的第一个合作项目，也是中国向东盟国家出口的第一个整星项目。2009年9月中老双方签署了《老挝1号通信卫星项目谅解备忘录》，2011年12月双方正式签署了调整后的项目合同，2015年11月21日老挝1号通信卫星在西昌卫星发射中心成功发射。这颗卫星将为老挝提供高清卫星电视、远程教育、政府应急通信等服务。

老挝1号通信卫星项目采用的是符合用户实际需求的“天地一体化+商业运营”模式，中方凭此模式击败了众多欧美卫星强国的竞争对手，赢得了合同。此模式结合老挝实际、注重从用户实际需求出发，将“天上卫星与地面应用相结合，将项目周期从工程建设延续到商业运营”。

在融资模式上，采用“优贷+商贷”的混合贷款模式。优惠贷款（优贷）是指中国政府指定中国进出口银行向发展中国家政府提供的具有援助性质的中长期低息贷款。中方每年给老挝的优惠贷款有额度限制，老挝要想通过中方贷款来完成卫星发射，还需要通过商业贷款。双方多机构历时3年，采用“优贷+商贷”的混合贷款模式，切实解决了老挝政府缺乏项目建设资金、缺乏开展后续运营能力的困难，使中方长期占据市场，为后续业务拓展奠定基础。

在运营模式上，项目建设过程中中方有完整有效的项目运作流程，策划并组织实施了包括初步商务接洽、项目需求分析、技术方案论证、融资贷款方案、项目工程实施、项目商业运营等在内的一系列流程。项目建设中后期，中老双方组建合资公司共同参与商业运营，通过共同运营在轨卫星、建设卫星通信港、搭建和完善老挝全国通信网络、构建老挝与国际衔接的通信、信息、媒体高速公路等业务，拓展了中方在东南亚地区的业务领域。

除此之外，此项目的顺利实施，还带动了国内火箭、卫星和地面通信设备的研制生产，作为首个出口东盟地区的整星项目，特别是实现DFH-4S卫星平台的首次出口，极大地促进了宇航产品的技术创新。

老挝1号通信卫星的成功交付不仅是对两国政府间空间合作协议的具体落实，还直接提升了中方在东盟商业通信卫星市场上的形象和信誉。

思考与启示

（1）从用户需求实际出发是市场开拓的不二法则

满足用户需求是企业在国内外市场的立命之本，航天企业也不例外。“一带一路”沿线国家商业航天市场潜力巨大，但由于存在着航天基础能力差异巨大、航天能力参差不齐的实际，各国对于航天的需求也各不一样。在老挝实施的“天地一体化+商业运营”模式可以借鉴在相同背景和需求的国家，但不能全盘复制到沿线所有国家。鉴于此，对于航天基础薄弱或者航天能力不足的国家，在其进行航天能力建设上，可针对自身需求与技术基础的差异，制定有针对性的专业化发展规划；对航天能力较好的国家或者企业，可以采用细分市场、优势业务规模化经营的模式来巩固市场。简言之，无论是采用专业化、规模化还是其他模式，都需在满足用户需求的基础上进行。

（2）国际市场开拓亟须模式和机制的创新

从ADS到One Web到老挝1号通信卫星，不管是老牌的传统宇航企业还是新兴企业，都在积极开展模式创新，而且取得了突飞猛进的进步。我们也要大力开展体制机制创新和商业模式创新，充分利用国家政策，从产业链条、管理渠道、人才配置等各方面进行优化和创新，积极从产品制造商向系统集成商转型。

4.2.1.3 大型航天企业国际化经营的实施途径

应对竞争激烈的商业航天市场，除在战略层面根据企业自身发展合理组合和选择不同的发展模式、借鉴或借力中小型民营航天企业的成功经验和灵活的发展模式外，还应在企业管理层面加强自身建设。

（1）提高产品市场竞争力，扩大市场份额

第一，提高技术竞争力。技术是科技企业的命脉，要不断提升自主研发的能力，一方面确保航天基础与前沿领域创新能力达到国际领先水平，核心专业领域达到国际先进水平。另一方面，加快引进国外的先进技术，加速促进技术能力的跨越式发展。

第二，进行国际化经营顶层设计，制定区域和国别的市场开发战略。面对订单来源从政府、军队到市场用户的转变，企业应综合考虑用户的不同需求，以市场需求和用户需求为牵引，系统集成，突出产品优势，个性定制，突出服务特色，为客户提供不同类型的定制产品和服务，抢占商业航天市场份额。

第三，加强成本管控、降本增效。在降低研制成本、缩短研制周期、提高产品性能和可靠性方面加强研究，实现研制能力和平均周期达到国际水平；大力推动建立科学合理的价格机制，加强出口产品的成本统筹，提升出口产品的价格竞争力。

（2）加快国际化人才队伍建设

第一，加强复合型国际化人才培养。以市场配置人才为手段，优化和完善国际化人才的选拔、培养和激励等机制，落实配套政策，广泛吸引和招纳优秀人才，打造一支与国际化市场开拓战略相符合的高素质的复合型人才队伍。

第二，加强国际化人才的引进。建立和完善海外高端人才招聘引进机制，立足于关键技术攻关和产业发展，引进一批国际、国内行业前沿的专家、带头人、高级管理人才、市场开拓人才和精通国际规则的高级专门人才。

第三，优化国际化人才成长环境。通过建立人才库和国际化人才发展通道等方式，探索建立资本、技术、管理要素参与分配的中长期激励机制，积极推进股权激励和分红激励。对国际化紧缺和亟须人才、关键岗位特殊人才、核心骨干人才实施协议工资制度。

（3）积极引领和参与搭建营销平台

第一，创新国际营销平台，拓展海外营销体系。充分利用大型航天企业的优势，系统整合行业资源，建立市场协同开发机制，联合开展重大市场攻关，构建整体协同的营销体系。

第二，构建营销信息平台。目前航天系统内各企业资源分散，应在把握主方向的基础上，从国际市场需求出发，创建营销信息平台，为市场主体提供全面、及时、有效的信息服务，实现航天技术应用产业产品和服务信息资源的整合与共享，提高信息的使用效率，为企业抱团合作和发展创造有利条件。

第三，培育境外投资并购平台。制定明确的战略目标，加大资本运作力度，探索境外投资、并购等资本运作方式，增强全球化运营能力。

（4）加强国际化品牌建设

第一，构建适应国际化市场的品牌。打造复合品牌架构体系，构建统一的、有国际影响力的品牌系列。注重品牌在军品市场和民品市场的差异化，以市场为引导最大限度地去除品牌的传统色彩，同时最大程度保留与中国航天大品牌的关联度，充分利用“中国航天”品牌打造具有国际色彩和具有国际竞争力的知名品牌；立足于各类产品服务的方向不同，分类打造相关子品牌，不断提升品牌价值与效应，树立国际新形象。

第二，进行品牌培育和推广。在国际市场加强品牌宣传和推广力度，通过品牌展览推介和广告宣传，扩大品牌的知名度和影响力，增加品牌价值。

（5）重视知识产权保护

第一，重视国际专利的申请和保护。加大知识产权投入力度，在目标市场国家构建相对完善的产品专利保护体系，强化从产品立项、研发到国际市场开拓全过程的有效布局，系统地开展商标注册与品牌建设。

第二，加强知识产权储备，提升产品与服务的价值。同时积极开展国际认证，取得国际化竞争资质。

（6）加强风险防范和维权

第一，建立风险管理组织体系。风险管理体系的建立保证了国际化经营决策的科学性，并保证了对风险进行全过程管理。成立风险管理机构，明确风险决策小组责任，确保机构成员各司其职并协调统一，形成管控合力。

第二，建立风险评估机制，决策阶段开展充分的尽职调查，将风险管理关口前移。国际化经营最大的风险存在于决策阶段，全面收集信息，识别出潜在的风险是国际化经营决策阶段的关键环节。详尽的尽职调查有助于解决信息不对称问题，提高决策的准确性。另一方面，加强对境外机构的审计监督、提升法律和安全保密保障水平，都能在一定程度上减少在经营过程中不确定性的影响。

第三，提高国际履约维权能力。国际市场开拓过程中由于法律法规的不熟悉难免会遇到法律纠纷，除了前期加强对市场国法律的研究、走正常法律途径维权外，国际化经营市场尽量选择国家主权信誉较好的国家，在遵守当地法律的前提下，通过资本纽带把中外双方绑在一起，也会提升维权能力。

4.2.1.4 小结

本章对国外航天企业发展及创新的模式进行了总结和分析，具体从融资模式、组织管理模式、盈利模式、产品服务模式四方面对传统航天企业和新兴航天企业进行了对比分析。同时对国外空客防务与航天公司（ADS）产业价值链一体化发展及国内老挝1号通信卫星项目的“天地一体化+商业运营”模式这两个具体案例进行了分析，对国内中小型民营航天企业的发展模式和思路进行了梳理，从中提炼出获得的启示。在对宏观战略层面进行分析总结的基础上，从微观层面即企业管理方面对我国的大型航天企业在开展国际化经营的具体实施途径方面给出了建议。

4.2.2 国际空间站国际合作模式

4.2.2.1 国际空间站概述

国际空间站的建造分为以下三个阶段：

（1）第一阶段为准备阶段（1994—1998年），主要是进行9次美国航天飞机与俄罗斯和平号空间站的对接飞行，取得了一系列宝贵经验；

（2）第二阶段为初期装配阶段（1998—2001年），主要是建立“国际空间站”的核心部分，使空间站拥有初始的载人能力（3人）；

（3）第三阶段为最后装配及应用阶段（2002—2007年），主要内容是完成国际空间站的装配，达到6~7人长期在轨工作的能力。2003年2月1日美国哥伦比亚号航天飞机的失事使第三阶段计划推迟。

国际空间站由两大部分立体交叉组合而成：一部分是以俄罗斯研制的多功能货舱（FGB）为基础的核心部分，包括对接舱和节点舱，俄罗斯的服务舱、研究舱、生命保障舱、美国的实验舱、居住舱，日本的实验舱，欧空局的哥伦布轨道设计。另一部分是桁架结构上安装的移位服务系统、舱外仪器设备（包括中国研制的“阿尔法”磁谱仪）和四对大型太阳能电池板。这两大部分垂直交叉构成“龙骨架”，加强了空间站的刚度，有利于各种空间实验和舱外作业。

国际空间站的轨道周期约90min，轨道倾角51.6°，最低轨道高度335km，最高460km。

国际空间站的日本实验舱、欧洲实验舱和中心桁架S0指向飞行方向，两边的太阳电池翼就像飞机的两个大机翼。

国际空间站的姿态控系统需要能够保证空间站每个轴的变化不大于5°，保证每个轴的姿态改变速率不超过0.02°/s。

“国际空间站”是人类迄今为止规模最大的航天合作计划，堪称国际合作的典范。美国是“国际空间站”计划的倡议者、总装者和领导者，也是空间站国际合作框架的发起者。“国际空间站”计划投资超1000亿美元，其中绝大部分建设投资由美国承担，俄罗斯承担70亿美元，其余投资由参与建设各国分摊。具体建造任务由各参与国承担，其中美国和俄罗斯提供的部件最多，其次是欧洲航天局（ESA）、意大利、加拿大和日本。

空间站国际合作始于1984年1月美国里根总统邀请其友国与盟国参与有人驻留空间站的研制和利用。1988年9月，美国与欧洲、日本和加拿大就自由号空间站签署了《政府间合作协议》（IGA）等一系列国际协议，国际合作正式形成。1993年9月，原自由号空间站重新设计为阿尔法号，之后不久，美国决定将俄罗斯纳入合作计划。这一决定出于多种考虑，既为利用俄载人航天的丰富经验又会有外交目的。1993年12月，“国际空间站”合作国邀请俄加入合作伙伴关系，并在《政府间合作协议》建立的框架之内开启协商。各合作伙伴国共花费两年半时间才对新《政府间合作协议》内容达成一致。1998年1月，美国、俄罗斯、日本、加拿大和11个ESA成员国代表签署了有关“国际空间站”合作的《政府间合作协议》；同时，NASA局长、俄罗斯联邦航天局局长、ESA局长和加拿大航天局局长签订了包含实施“国际空间站”合作方面具体规定的“谅解备忘录”（MOU）；NASA与日本政府在同年2月补签了“谅解备忘录”。就此，全面取代了1988年签订的协议。1998年1月的签约仪式是长达4年艰难推进的双边和多边协商的结果，被视为国际合作伙伴关系中的重大里程碑。

新《政府间合作协议》仍符合闭合式合作伙伴关系。《政府间合作协议》建立了“一种合作伙伴之间的长期合作性框架，以真正的合作伙伴关系为基础，出于和平目的对长期有人驻留的民用‘国际空间站’进行具体设计、开发、运行和利用，符合国际法”。根据新《政府间合作协议》，NASA负责总体领导和计划的协调实施。美国在这项国际性计划中的领导角色得到一致承认，不只因为它对计划所贡献的压倒性重要意义，更因为在这项计划中，需要有明确的指挥和控制界限。俄罗斯对计划的贡献也同样具有重要意义，这是与美国领导权同等重要的因素。尽管俄罗斯的加入给计划带来了一些反映技术现实的改动，但美国的领导地位没有受到影响。《政府间合作协议》和“谅解备忘录”赋予美国对“国际空间站”计划的全部责任，并具有最终决策权。

“国际空间站”研制阶段开始后，成立了“多边协调委员会”，NASA主管空间站的副局长任主席。委员会定期召开会议，下设“系统运行小组委员会”和“用户操作小组委员会”。根据管理协议文件，各合作国建立了相应的功能机构。

“国际空间站”为未来载人航天和太空探索的国际合作提供了经验。“国际空间站”多边协调委员会在2009年7月发布了一份文件，总结了运营中获得的经验，其中与国际合作有关的内容包括：①仔细平衡计划协议中的特异性和灵活性；②明智而审慎地管理工作组；③建立合作伙伴间的技术联络办公室；④对通用技术交流尽早达成一致；⑤在决策过程中采用一致的方法；⑥采用正式的国际合作框架；⑦让专门的工作组制定国际框架；⑧适应合作伙伴国预算周期；⑨预测预算波动。

但是，在“国际空间站”的建造运营过程中也暴露出许多问题。首先是资金问题。“国际空间站”虽然由多国建造，分担了技术风险及建造费用，但是建造过程中成本不断追加，已远超预期。巴西由于无法承受成本中途宣布退出“国际空间站”的建造。俄罗斯航天预算中一半的费用都用来维持空间站的运行，使其丧失了发展其他航天技术的潜力。ESA也受到困扰，各成员国在资金问题上经常争吵不休。各方面原因导致原计划2002年之前完成的项目，直到2013年才全部建造完成。其次是合作方的压力。各参与国的“不信任”成为潜在危机，特别是美俄两国，使得建造运营中决策执行缓慢。由于成本高出预计，投资回报不明显且存在利益分配不均等问题，各合作国继续支持空间站运营的意愿不强。

4.2.2.2 各国参与国际空间站情况

（1）项目合作方式

①资金投入

合伙国对国际空间站的贡献见表4-5。

表4-5 合伙国对国际空间站的贡献（最初估算）

合伙国	贡献项目	项目本地货币值（亿）	项目美元值（亿）
俄罗斯	140t硬件(包括功能货舱)及服务		20*
意大利	微型增压后勤舱		3
欧空局	哥伦布舱+自动转移飞行器	27.44 欧洲货币单位	32.6
加拿大	遥控机械臂		9
日本	日本实验舱	3100（日元）	30

注*其中有6.5亿美元是NASA支付给俄罗斯的费用，但算作俄罗斯对空间站的投入。

为了扩大国际空间站的影响，美国空间局（NASA）邀请巴西空间局参加国际空间站计划，作为美国的合作伙伴。巴西占有西方国家参与部分的0.45%份额，而向美国支付1.2亿美元。

②培训/运送航天员

联盟号、航天飞机负责国际空间站航天员的运送与往返任务。在国际合作中这并不是免费的。

a. 巴西航天员

巴西作为南美洲经济发展最快的国家制定出了宏伟的航天发展计划。巴西政府与航天领域两个超级大国美国和俄罗斯开展紧密合作，计划能在2010年前将本国首位航天员送入太空。最初巴西政府先与美国政府签署了关于巴西航天员搭乘美国航天飞机飞往太空的协定。据此2000年巴西人马库斯庞特斯在休斯敦的约翰逊航天中心接受一整套航天员培训项目的训练，然而由于2001年哥伦比亚号航天飞机再入时机毁人亡，美国航天飞机被迫全部停飞。巴西政府将目光转向俄罗斯。庞特斯随后来到俄罗斯开始接受航天员培训。2005年10月，巴西总统卢拉亲自前往莫斯科为庞特斯鼓劲，并与俄罗斯总统普京签署关于巴西航天员搭乘联盟号载人飞船前往国际空间站工作的协议。庞特斯在加加林宇航中心的训练非常紧张，时间也非常有限。但他还是抓紧时间迅速掌握了难学的俄语，他能看懂俄罗斯航天器的各种说明和俄语工作文件，能够与俄罗斯同行对话，消除语言障碍后，大家工作起来更团结更默契。巴西方面为庞特斯的这次太空之行向俄方支付了约2000万美元的费用。

b. 美国航天员首次购买船票

由于俄罗斯航天事业发展近些年来逐步步入商业化运作，俄方认为根据此前达成的协议，俄国已完成利用本国飞船免费送美国航天员前往国际空间站的任务。如果美国航天员继续使用联盟号为渡船飞往国际空间站，必须购买船票。在美国航宇局的航天飞机难以应付局面的情况下，美俄两国航天局达成协议从第十三宇航组开始，美国航天员开始付费。据悉美国航宇局为威廉姆斯乘坐联盟TMA-8载人飞船支付了2180万美元的搭乘费。

③舱段建造

美、俄、日、欧等都建造了国际空间站的部分舱段。尽管各国舱段的特色不同，但国际空间站组织建立了统一的接口标准，为在轨组装与联合运营创造了条件。

④货运补给运输

进步号、ATV、HTV、航天飞机均用来为国际空间站做货运补给。进步号和ATV还承担推进剂补给的任务，并抬升国际空间站的轨道。

⑤试验应用载荷

国际空间站中，每个国家都积极开展空间科学实验，推动本国的科技进步。除了建造专用舱和专用实验机柜外，一些国家还通过租用空间站平台资源来开展试验。如巴西参加国际空间站计划将获得相应的利益，这些利益包括在国际空间站的桁架上安装两个暴露的实验平台和一个技术试验装置，以及两个中转货物的组装架。巴西还获得美国压力舱中一个单柜中的一个抽屉，可在10年内拥有使用权，其实验载荷重量为250kg。由于美国舱位于整个空间站的质心附近，因而具有最好的微重力条件。根据美国协议，美方负责将巴西的载荷运送到国际空间站并提供相应的支持。

⑥商业化

从20世纪90年代中期以后，太空商业化就已经开始聚焦于“国际空间站”。1998年，《商业太空法案》将太空的商业开发设定为仅次于“国际空间站”建造之后的优先事项。1998年秋，NASA通过发布《“国际空间站”商业开发规划》做出回应。

NASA的“国际空间站”商业化规划设想，私营部门投资和参与动机分为应用、运营和新能力开发三类。对于应用，“国际空间站”被设想为一个“在太空环境中为长期科学研究、技术开发和商业目标成就提供前所未有设施的轨道实验室”。商业和政府用户可利用这个复杂的实验室设施，包括加压舱段和近真空环境中的舱段，以及电源、乘员时间、热控、远程通信/遥操作、供气和排气等资源。为保障商业太空活动，NASA预留了站上美国研究设施的30%用于商业开发。

在科学研究机遇以外，NASA还设想了运营的商业化，包括任务规划、飞行控制及运送/返回乘员和货物。目标是最终实现“国际空间站”运营的私人化，从而使NASA成为众多付费用户之一，而不是“国际空间站”机遇的主要供应商和出资机构。按相似的方式，NASA还寻求培育满足公私用户需求的新能力发展。这些由市场驱动的机遇包括增强现有资源或开发新资源。

NASA在推动太空商业中的作用承袭自美国在促进其他技术和物理学前沿发展进程中扮演的角色。相似的例子是对“美国旧西部”的开发，政府在这里投资开发交通设施和其他商业基础设施，向前来参与开发的企业提供鼓励措施和保障，然后逐渐将控制权让给市场经济。当这一模式应用于太空商业时，NASA成功吸引到从事太空探索工作的商业部门，并支持创建了繁荣的航天工业。宇航公司最初只作为具有有限控制权或投资的供应商参与，如今，航天工业已经足够成熟，能招致大量私营领域的企业和投资，NASA仍是其主要客户。

当前空间站上的机遇为人类在太空中的事业增加了新的维度，通过拓宽可参与太空商业的产业范围，也通过改变这种参与的性质。“国际空间站”商业化已经引发了三个重要转变。首先，商业化已从宇航和卫星通信产业的初级商业应用转向了从事各种活动的行业的广泛应用。其次，这种商业化已经超越了NASA已成功获利的技术转移计划。通过这种方式，“国际空间站”商业化在推动产业应用经由附加产品的产品开发转向直接开发的过程中扮演了重要角色。最后，这意味着行业参与现在涉及用户，而不仅仅是承包商。

考虑到建造“国际空间站”的高昂成本和卓越努力，各国领导都强调了最大化其科学研究能力的重要性。《NASA 2005财年授权法案》将“国际空间站”美国段指定为国家实验室，并指示NASA努力提高“国际空间站”研究能力的应用率。《NASA 2010财年授权法案》指示NASA采取一切必要措施确保“国际空间站”的运行、维护和应用最大化。此外，该法案要求NASA与一家非盈利机构达成合作协议，由其管理“国际空间站”上NASA可用资源的50%。为响应这一指示，NASA在2011年选定空间科学促进中心（CASIS）管理“国际空间站”国家实验室中非NASA的商业和学术研究项目。由于CASIS被分配了至少50%的“国际空间站”研究能力，且其使命就是最大化“国际空间站”的投资价值，因此，未来“国际空间站”作为研究平台的成功在一定程度上就依赖于CASIS的成功。空间科学促进中心为科学家、技术人员、商人以及有创新想法的人士提供利用国家实验室的机会，负责征集非NASA资助的研究，它还有一项重点任务是引进、联系并非从事航天相关研究的新投资方。空间科学促进中心的目标是将国家实验室作为一个独有、动态的平台，进行科学发现、技术开发和教育三方面的开发利用。NASA每年向CASIS提供1500万美元，其中300万美元用于研究基金奖励，其余部分用于基础设施和人力、差旅等直接成本。

对于企业而言，国家实验室研究对其研发工作和成果产业化具有一定吸引力，已有13家公司为“国际空间站”提供商业服务，通过签署“空间行动协议”（SAA），达成合作协议，签订确定的运输/不确定数量合同方式来提供服务。例如美国NanoRacks公司与NASA签订两项“空间行动协议”，开发纳米机架系统和纳米机架立方体实验室，该公司是目前唯一在“国际空间站”上拥有硬件并出售服务的私营机构，已向“国际空间站”交付了100多个内部载荷，并可提供从“国际空间站”释放立方体卫星的服务，其客户不局限于美国。

日本宇宙航空研究开发机构自2008年起利用希望号实验舱开展商业化应用活动。例如，日本载人空间系统公司（JAMSS）通过提供一站式服务开展“国际空间站”商业活动，包括在一家报业公司的资助下，载人空间系统公司组织当地学生种植经过空间飞行的南瓜种子，并开展生长观察竞赛评比、展览及与“国际空间站”上的日本航天员进行实时通信交流，帮助该公司扩大了社会影响，为当地的经济发展做出了贡献。

“国际空间站”已经证明其作为研究和技术开发平台的重要作用，当前，各国正利用空间站开展新型商业合作关系。这使得空间站的运营从政府资助、承包商提供产品和服务的方式转向商业供应、政府作为用户的方式。寻求低地球轨道商业市场的目的如下：一是鼓励全新的市场；二是吸引新的投资者参与航天活动并产生经济效益；三是确保强大的工业水平，不仅用于未来的航天任务，还可用于许多相关产业；四是也是最重要的，使得各种思想、方法、优秀实践相互融合，成为经济开发的基石。

“国际空间站”商业化面临以下障碍：

政策挑战包括商业布局、活动审批和自由贸易壁垒。商业布局的问题涉及缺少有关于商业实体进入“国际空间站”及其运输系统的明确政策。此外，由于航天机构主要从事非商业活动，获利导向的公司担忧补助等自由贸易的障碍和偏袒国有公司会干扰利益驱动的商业化并增加已经是高风险投资的风险。

技术和计划挑战包括有效载荷准备的时间和成本，“国际空间站”运输和站上资源的可用性及技术标准设定的问题。以往，非商业任务需要4~8年的时间和很高的成本。对于大多数商业活动来说，这些时间和成本限制令人望而生畏。由于商业活动不会是“国际空间站”的主要关注点，因此存在及时使用运输系统和站上资源的问题。

财政挑战包括“国际空间站”任务成果及后续市场开发。商业市场要求改进价格、服务质量、及时性和可预测性等商业条件，而这些条件目前还不存在。定价必须被允许以市场为基础，也就是由供给和需求来决定。

最后，“国际空间站”工作组确定出支撑商业化努力必须要解决的数目巨大的法律问题。其中包括有关应负责任、有形和无形财产权、贸易惯例及争议司法权和裁定权等问题。具体到NASA和CASIS的情况，随着CASIS增加了“国际空间站”国家实验室的试验数量，乘员时间和“国际空间站”上部分研究设施的需求也将增加。2018年，站上美国航天员计划从3人增至4人，这名增加的航天员主要从事研究活动，从而使用于研究的乘员时间增加一倍（当前为35小时/周）。NASA通过增加乘员而保障研究的能力还取决于商业载人供应商。筹集外部来源资金补充NASA提供的数额是目前最大的挑战，CASIS将这归因于CASIS是一个新成立的非盈利机构，而在“国际空间站”上开展研究的价值还没有被充分展示。

（2）各国对空间站的利用权分配

空间站俄罗斯部分由俄罗斯运营和控制，具有一半乘员时间的使用权。剩余的乘员时间（6名长期乘员中的3～4名）在除俄罗斯部分外的其他部分的分配如下：

欧空局哥伦布舱：欧空局为51%，NASA为46.7%，加拿大为2.3%；

日本希望号实验舱：日本为51%，NASA为46.7%，加拿大为2.3%；

美国命运号实验舱：NASA为97.7%，加拿大为2.3%；

乘员时间、供电和后勤支持（上传和下载数据、通信）权利分配给NASA76.6%，日本12.8%，欧空局8.3%，加拿大2.3%。

（3）国际空间站相关问题分析

国际空间站相关问题分析见表4-6。

表4-6　国际空间站相关问题分析

计划名称	参与国家	出台背景	存在的问题
美国自由号空间站计划	西欧、日本、加拿大等	（1）空间站技术领先于美国（竞争的需要）； （2）美国技术发展策略的偏好（倾向于先进、复杂、高风险的）； （3）相关利益团体（如NASA）自身的利益需要	计划存在的问题： （1）预算增加，研制经费严重不足； （2）往返依赖航天飞机，存在较大风险； （3）工程技术难题（大量的舱外活动、重量过大、供电不足等）； （4）不平等的合作伙伴关系引起国际伙伴的不满； （5）缺乏国会、科学和用户的有力支持。 一再调整（而无法取消）的原因： （1）计划已经成为美国和其他合作国长期载人航天计划的核心； （2）已经消耗了巨额资金； （3）计划涉及国内各利益集团（政府航天机构和航天工业集团、研究组织、科学团体等）的利益
美俄阿尔法空间站及国际空间站	欧空局、日本和加拿大、俄罗斯	（1）苏联解体，冷战结束，军备竞赛式项目的需求动力不足； （2）力图推动俄罗斯经济自由化和政治民主进程的战略目的； （3）计划经济开始向市场经济过渡	计划调整原因： （1）美国自由号空间站计划陷入进退维谷的困境； （2）俄罗斯空间站计划发展资金没有着落； （3）美俄联合使国际空间站的实施在经济和技术上都具有可行性。 合作中暴露的问题： （1）东西方长期的冷战和意识形态差异的影响难以消除； （2）美国处于支配地位，一国独大，根据国内政策行事，较少考虑其他国家利益（多次修改计划、拉俄加入、近期再度修改为只实现关键能力、强制退役等）； （3）总目标和计划一再修改，技术状态、进度、经费一变再变

其他国家参与国际空间站的目的：

国际空间站参与国家均根据本国需要和经济实力提出对国际空间站的预算。如巴西等国参加国际空间站计划一般由政府决定的，其主要目的：

（1）参与国际空间站计划作为设施和装备的提供者，相应的，在国际空间站的整个寿命期内有一定量的利用权利；

（2）参与国际空间站具体说明、研制和组装，并且运作与国际相关的试验载荷；

（3）开创参与科学、技术、工业和载人空间站的新机会。

4.2.3 欧洲航天局（ESA）管理模式

欧洲航天局（ESA）是泛欧洲的民用航天管理机构，由21个成员国（其中包括德国、法国、意大利、英国、西班牙、比利时、瑞士、瑞典、挪威、荷兰、奥地利、丹麦、芬兰、葡萄牙、爱尔兰、卢森堡、捷克、希腊、罗马尼亚、波兰在内的20个欧洲国家和作为准成员国的加拿大）组成的政府间组织。欧洲航天局成立于1975年，是在当时欧洲的两大航天机构——研制航天器的欧洲航天研究组织（ESRO）和研制运载火箭的欧洲运载开发组织（ELDO）合并的基础上建立的。在欧洲航天局推动下，欧洲作为一个整体，其大量的航天投资、强健的政策协调、透明的管理体制、世界级的人力资本、规模庞大的工业基础使其持续成为全球顶级的航天活动执行者，欧洲在富创公司发布的全球航天竞争力指数排名中已连续多年排名全球第二。

4.2.3.1 欧洲航天局的组织管理

欧洲航天局的组织管理机构主要包括航天局总部，7个研究、开发和应用中心和库鲁航天发射中心。航天局总部设在法国巴黎，下设6个计划管理部，包括运载火箭计划部、载人航天和微重力探索计划部、对地观测计划部、通信卫星联合计划部、卫星导航计划部和空间态势感知计划部，这6个计划部设在各大中心内。各大航天中心的任务与职能如下：

（1）欧洲航天研究技术中心（ESTEC）。它设在荷兰，是最大的航天中心，也是欧洲航天活动的试验中心和枢纽，主要负责航天项目的技术准备和管理活动，并为航天局在轨卫星、航天探索和载人航天活动提供技术支持。

（2）欧洲航天操作中心（ESOC）。它设在德国达姆施塔特，任务是确保欧洲在轨航天器的安全可靠运行，与部署在世界各地的地面站保持联系，对在轨航天器实施跟踪与测控，发送机动变轨指令，执行日常的系统监测和对有效载荷发送各种操作指令。

（3）欧洲航天研究所（ESRIN）。它设在意大利罗马南部，是航天局的地球观测中心，负责管理航天局和第三方地球观测卫星的地面接收与处理工作，管理着欧洲最大的环境数据档案库，协调管理遍布欧洲的地面站，并与全世界的地面站运营商保持合作。

（4）欧洲航天员中心（EAC）。它设在德国科隆，是欧洲航天员培训与医学保障中心。

（5）欧洲航天天文中心（ESAC）。它设在西班牙马德里附近，是航天局所有天文和行星探测任务的科学运行中心，负责欧洲所有天文与行星探测数据的存档与管理，并对全世界的天文研究项目提供支持服务。

（6）雷都中心（Redu）。位于比利时，它是航天局地面站网络的一部分，负责卫星的控制和运行，同时也是欧洲空间气象数据中心。

（7）欧洲空间应用和通信中心（ECSAT）。它位于英国哈维尔，支持卫星通信、一体化应用，气候变化，空间技术和科学研究等活动。

（8）圭亚那航天中心（CSG）。它设在法属圭亚那，是欧洲进入太空的门户，由于靠近赤道，因而是发射地球静止轨道卫星的理想场所。航天局承担运载火箭发射设施固定维护成本的大部分财政支出。

4.2.3.2 欧洲航天局的决策管理机制

欧洲航天局的最高决策管理机构是欧洲航天局理事会。该理事会的职责是制定欧洲航天计划，确保计划的实施，批准正在执行或未来的航天项目，决定航天局可用资源的公平分配，确保为其航天活动提供长期稳定的经费来源。它由各成员国派驻的高级别代表组成。理事会一般性例会是每隔3个月召开一次成员国委派高级代表会议，每隔2～3年召开一次部长级会议。

除了日常的管理事务外，重大的项目立项和重要的航天决策都需要在部长级的理事会上讨论通过。欧洲航天局对重大问题的决策程序一般不是采取简单的少数服从多数的表决形式，而是要获得2/3多数通过。每个成员国拥有1票表决权，每个成员国不论大小只有1票，但这一票往往具有重要的效力。当各成员国出现分歧或利益冲突时，即使是少数国家的意见也不能压制，而是采取平等协商或相互妥协的办法，力求达成共识并一致通过。不过法国、德国、意大利和英国由于对欧洲航天局的贡献最大，航天科技实力最强，在重大决策中如果这4个国家发生冲突，重大决策就很难通过，比如“阿里安”火箭未来发展方案就由于法国和德国的意见分歧而无法确定。

4.2.3.3 欧洲航天局的管理模式与政策法规分析

作为欧洲政府间的合作组织，欧洲航天局的管理模式和政策制定过程也与美国、俄罗斯和日本完全不同。

（1）两类计划模式和两种投资分配计划

欧洲航天局的航天活动分为两大类，一类是强制性计划，另一类是选择性计划。强制性计划是指列入一般预算和科学计划预算的航天发展项目。其中包括欧洲航天局的科学卫星、探测器、未来探索计划的研究、先进技术研究、共享技术投资、信息系统和培训等基本活动。这类活动经费均以各国国内生产总值（GDP）为基础按比例做出各自的贡献。一般强制性计划开支占20%~30%，其余70%~80%均为选择性计划开支。

另一类选择性计划是指某些成员国共同感兴趣的计划，各成员国可以根据本国的需求或实力，自由选择参加。这类计划主要包括地球观测卫星、通信卫星、导航卫星和航天运输系统，以及“国际空间站”、微重力研究等国际合作项目。这类自由组合式的选择性计划，由于涉及的投资规模大、周期长，因此投资比例既可以按各国国内生产总值比例分摊，也可以根据不同情况选择不同的投资比例。例如“伽利略”卫星导航系统计划在分配投资时，德国和意大利都希望多投资取得主导权，最后协商妥协的结果是法国、意大利、德国、英国4国各均权准17.5%，占总投入的约70%，其余30%中，西班牙占约12%，其他感兴趣的国家自由选择，按不同的投资比例参与。又如“阿里安”火箭是以法国为主，其他国家参与。

（2）欧洲航天局成员国之间的合作与欧洲以外国家的国际合作相结合

欧洲航天局的航天活动中除了欧洲内部国家的合作外，还有很多涉及美国、俄罗斯和其他国家的多种形式国际合作项目，如“国际空间站”和月球、火星等太空探索项目。这些项目中欧洲航天局承担部分的投资分配比例通常也按选择性计划模式来处理。近年来，欧洲航天局通过逐步吸收非欧洲航天局成员国的欧盟国家加入欧洲航天局，使欧洲航天局逐步整合成为泛欧洲的航天执行机构。所有这些不同形式、灵活多样的合作模式能节省航天开支、减少重复浪费，更重要的是通过欧洲航天计划、管理和政策的一体化，逐步实现欧盟的航天政策和战略目标。

（3）“公平返回”原则，激励各国投资航天的积极性

自欧洲航天局成立以来，其在航天活动中一直采取“谁投资谁受益”的“公平返回”原则来管理航天计划。这既是一项基本原则，也是一项有效激励各国投资航天的政策。无论是强制性还是选择性计划，一旦各成员国明确确定本国投入欧洲航天局航天项目的比例之后，它所投入的每一欧元中在扣除管理等开支后，大约80%的经费都会按合同公平地返还给本国科研机构或产业界去完成。如果哪个国家投入的经费多，那么这个国家或它的航天产业界就可能主导这个航天项目，或成为主承包商。但欧盟在航天活动中坚持采取“公平竞争”的原则（或政策）来选择合同承包商。这两种政策和分配原则是当前欧洲两大机构在航天政策上的重大分歧。

4.2.3.4 小结

欧盟一直希望整合全欧洲的人力、物力和财力资源，通过统一的航天政策、统一的决策机构和执行机构去执行统一的欧洲航天计划，其中最优先的任务是将欧洲航天局合并到欧盟中，成为它的执行机构。但从欧洲航天政策可以看出，这一美好愿望目前很难实现。其主要原因：一是欧盟缺乏“权力”，其内部尚未形成强有力的决策机制；二是欧盟缺“钱”，且缺乏融资手段；三是欧洲航天局拥有多年的航天经历和完善的机构与机制，远比欧盟强大，而且欧盟的27个成员国和航天局21个成员国中虽然大部分是重叠的，但航天局仍有一些成员国（如加拿大等）不属于欧盟成员国，短期内很难合二为一；四是欧盟与欧洲航天局两大实体在航天计划管理和投资回报原则等方面存在较大差别。如果现阶段欧盟将欧洲航天局合并，将会产生很多问题和无法解决的矛盾。除此之外，法、德、英、意等欧洲轴心国还有各自的航天计划（尤其是军事航天计划），他们的国家主权和国家利益不可能全部交给欧盟去处理。

基于上述客观现实，在欧洲航天政策中采用了类似国际组织或联合国文件中通常采用的“求同存异，各自表述”的办法。对欧盟、欧洲航天局和各成员国的责任划分及其作用进行了详细阐述。也就是说，欧盟将作为欧洲航天的协调者，负责航天产品与服务需求的确定，执行竞争投标分配原则；而欧洲航天局将保持

其独立性，负责管理航天硬件产品研究与生产，执行“公平返回”投资分配原则，它与欧盟之间不是决策者与执行者的关系，而是作为合作伙伴参与欧盟倡导的“伽利略”和“哥白尼”等重大航天计划，或作为“技术专家”协助欧盟委员会制定相关计划或相关航天承包商的选择与监管等；欧洲各主要轴心国在相互协调的基础上，既分工又合作，负责军事航天计划为主要目标的独立航天活动。但欧盟与欧洲航天局双方同意未来的最终目标应当是：欧盟成为欧洲航天计划的决策机构，而欧洲航天局将逐步演变成欧洲航天计划的执行机构。航天局将逐步吸纳欧盟中的非航天局成员国，并使二者的管理体制、投资分配原则相互融为一体。

4.2.4 “龙计划”国际合作项目

中欧科技合作“龙计划”于2004年启动实施，一期项目在2004—2008年，二期项目在2008—2012年，第三期在2012—2016年，是我国在对地观测领域的大型国际科技合作项目。在国家遥感中心、欧洲空间局对地观测部的组织和中欧遥感领域科学家的协作下，中欧双方开展了以合成孔径雷达、干涉测量、森林制图、水稻估产和大气化学监测等为重点的大量合作研究。合作形式丰富多样，包括科学研究、数据共享、技术培训、学术交流等；合作规模不断扩大，研究人员从一期的170多人增至三期的700多人，中方的74家研究单位和欧洲15个国家的97个研究机构参与其中。“龙计划”项目通过实施合作研究、举办高级培训班以及共享对地观测卫星数据等系列措施，不仅培养了遥感领域一批青年学术骨干，取得大量高水平研究成果，而且逐步探索出“政府搭合作平台，科研单位自主参与，共同确定科研选题”的新型国际科技合作新模式。“龙计划”项目参与的中欧双方单位及科学家之多、合作研究水平之高、国际影响力之大都前所未有。

“龙计划”项目启动以来，逐步探索出“政府搭台、自主参与、自选合作主题”的国际科技合作新机制，开展了广泛深入的遥感应用合作研究、技术培训、学术交流及数据共享等工作，建立起一支地球观测中欧联合研究队伍，取得了一大批具有国际先进水平的研究成果，极大地促进了中欧双方地球观测技术水平的提高。

4.2.4.1 “龙计划”项目启动背景

我国与欧洲在遥感领域合作已经有20年的历史。1994年中国科学院卫星地面站开始正式接收“欧洲遥感卫星”（ERS）数据。1997—2002年，为推动“欧洲遥感卫星”数据在我国的应用，我国科技部与欧洲航天局组织实施了我国南方水稻监测、北京土地利用制图、洪水灾害监测、中国森林制图等4个合作研究项目。2002年3月，欧洲航天局的“环境卫星”（Envisat）发射成功，该卫星携带了12种针对不同应用目标的遥感器，也是当时在轨的最先进地球资源环境观测卫星。同年6月，时任科技部部长徐冠华院士访问欧洲航天局，中欧双方都表达了在遥感领域深入合作的愿望。为落实高层会谈的成果，双方决定正式启动一个大型的合作研究计划——“龙计划”。该计划于2004年正式启动，合作的目标是建立对地观测数据应用研究的中欧联合研究队伍，促进双方卫星遥感应用技术水平的提高。

4.2.4.2 “龙计划”框架下开展的活动和进展

中欧“龙计划”合作形式多样，合作内容包括合作研究、学术研讨与交流、技术培训和数据共享等诸多方面。

（1）合作研究

“龙计划”合作的核心是组织中欧双方科学家开展遥感应用合作研究。通过具体研究主题的征集和遴选，设置研究课题，课题的研究区都设在我国，设置双责任专家（中欧双方各1名）共同负责课题的实施。

“龙计划”一期项目主要围绕欧洲的“环境卫星”数据在我国的应用开展合作研究，下设福建省农业监测等16个具体合作研究课题，中方由来自32家相关遥感单位的119名科学家和青年科研骨干参与各课题的合作研究，欧方由来自德国、法国、意大利、西班牙、挪威、英国、芬兰、比利时、荷兰及希腊等10个欧洲航天局成员国的50多名世界知名科学家和青年专家参与研究工作。

2008年在北京召开的“龙计划”一期总结暨二期启动会上，中欧双方正式签署了“龙计划”二期合作协议，这也标志着该计划二期的正式启动。同一期相比，“龙计划”二期合作内容更广泛，合作设置了地震学、地形测量、三峡等25个具体合作研究项目，研究内容涵盖农业、水利、林业、海洋、大气、测绘及灾害等遥感应用的诸多领域，参加二期合作的双方单位达165家，科学家有400多人。

2012年启动的“龙计划”三期共设置51个合作研究项目，在延续目前合作模式的基础上，继续在地球观测应用研究、技术培训、学术交流和数据共享等方面开展深入合作。三期项目重点面向欧洲和中国最新发射及将要发射的地球观测卫星，开展遥感应用、定标和真实性检验等方面的合作研究，并进一步扩展地球系统科学和全球气候变化方面的研究，增加地球重力场、大地水准面、冰冻圈、大气动力学、地球磁场及其演化、大气气溶胶变化以及地球系统科学和气候变化等合作研究内容。中欧双方共有700多名专家和青年科技工作者参与三期合作研究，其中，中方445名，来自74家研究单位；欧方276人，来自英国、法国、德国、荷兰、奥地利、西班牙等15个国家的97家研究单位，参与的机构和科学家之多，影响之大，都达到了前所未有的水平。

（2）学术研讨与交流

为了及时总结"龙计划"中欧合作研究取得的成果，促进双方的学术和技术交流，"龙计划"每年举办一次150～300人规模的国际学术研讨会，由中、欧双方轮流主办。截至2014年已连续举办了10次高水平的学术研讨会，中欧双方近2000人次参会。其中，科技部副部长曹健林出席了2010年"龙计划"中期成果学术研讨会开幕式，以及2012年"龙计划"二期总结研讨会暨三期启动会的闭幕式，并发表重要讲话，高度评价了"龙计划"在中欧科技合作中的地位和作用。"龙计划"已成为中欧科技合作的典范，探索出的国际合作新机制将对促进中欧的全面科技合作发挥积极的作用。曹健林在会上表示，科技部将一如既往地支持"龙计划"合作，并将其作为中欧在对地观测领域国际科技合作的一面旗帜，凝聚更多的中欧科学家共同参与，长期不断地合作下去。

在研讨会期间，各研究课题由双方责任专家共同准备和汇报研究进展，充分体现双方的合作研究精神；召集小组会议，制定各研究主题的年度工作计划，双方交流研究经验；组织青年学者专题报告，促进参与项目研究工作的年轻学者提高学术水平。

另外，每年还在北京召开两次小型项目进展会，双方项目首席专家组织中方专家进行技术研讨，并解决各课题实施存在的问题；各课题每年不定期地在我国或欧洲举办小规模学术研讨会和讲座，更深入地总结和交流合作研究取得的具体学术成果。

（3）技术培训

在"龙计划"合作框架下，我国国家遥感中心和欧洲航天局对地观测部每年共同在我国组织举办一次专题性的遥感高级培训班。通过双方对设施条件的考察，在国内选择一所大学或科研机构作为培训班的具体承办单位，由荷兰国际地理信息科学与对地观测学院（ITC）协办，截至2014年举办了10次，其中，海洋遥感高级培训班4次，陆地遥感高级培训班4次，大气遥感高级培训班2次，总计培训学员700多人次。每年的培训班为期一周，学员多为博士后、博士研究生和各单位的青年技术骨干。授课专家由欧洲航天局选派的欧洲一流专家和我国相关领域的知名专家组成，截至2014年，近100人次的知名专家担任了“龙计划”遥感高级培训班的授课教师。培训班的授课内容由理论授课和操作实习两部分组成，理论联系实践能够更好地促使广大学员掌握软件使用、数据处理等方法。

“龙计划”合作项目的实施为中欧双方培养了一大批优秀青年遥感科技人才。“龙计划”执行过程中，双方都非常重视年轻科研骨干的培养，从历次学术研讨会议参评的高水平青年学者论文不难看出，“龙计划”良好的国际合作环境为青年科学家的成长创造了条件，涌现出一大批优秀遥感青年科技人才；青年学者也成为合作过程中最活跃的力量和最直接的技术受益对象，他们的研究成果倍受关注。

在“龙计划”项目实施过程中，中方每年选派2名优秀青年学者到欧洲航天局相关机构进行为期3～6个月的培训，这项活动有效地促进了中欧双方合作项目的顺利开展。此外，我国还不定期选派优秀青年学者到欧洲攻读学位，为我国遥感事业的发展注入了新的活力。

（4）遥感数据共享

“龙计划”一期项目执行期间，欧洲航天局无偿向各合作研究课题提供“环境卫星”和存档的欧洲遥感卫星-1、2数据，中欧双方研究人员共享，从数据上保证各项合作研究工作的顺利开展。在“龙计划”一期合作框架下，欧洲航天局向“龙计划”提供了20400景“环境卫星”和存档的“欧洲遥感卫星”影像数据。另外，中方还获得了超过4000轨的“环境卫星”搭载的遥感器数据，而且获取的数据量大大超过了预期。

“龙计划”二期项目执行期间，除欧洲继续提供“环境卫星”“欧洲遥感卫星”等卫星遥感数据外，中方的北京-1（Beijing-1）、“中巴地球资源卫星”（CBERS）、“风云”（FY）和“环境”（HJ）等卫星遥感数据，以及第三方的日本“先进陆地观测卫星”（ALOS）、Chris/Proba小卫星等数据也加入了二期合作框架，极大地满足了二期合作研究领域扩展的数据需要。这些数据极大地保障了25个合作项目研究活动的顺利开展，特别是“龙计划”首次使用中方遥感数据，丰富了“龙计划”合作研究的数据源，提高了合作研究的水平，扩大了我国遥感数据在欧洲的影响。

“龙计划”三期项目中，中欧双方最新发射的科学卫星数据都及时纳入“龙计划”数据共享平台，例如欧洲航天局最新发射的“哨兵”（Sentinel）以及中方最新获取的环境-1C卫星合成孔径雷达数据，为广大科学工作者进行深入科学研究提供了丰富及时的第一手资料。

4.2.4.3 “龙计划”的意义和影响

（1）搭建合作平台，拓展合作领域

“龙计划”搭建的遥感科技合作平台，创立了“政府搭台，自主参与，自找合作主题”的中欧科技合作新模式。以平台为依托，中欧双方科学家可就共同感兴趣的研究主题，组建联合研究队伍，开展合作研究和开展学术交流，极大地拓宽了合作和交流的领域，与以往相比，投入虽然较少，但合作领域更广，受益面更宽，灵活性更强，更有利于全面推动我国应用遥感技术水平的提高。

（2）强调对口合作，学习先进技术

“龙计划”以技术合作为核心，自找合作伙伴，主要围绕卫星遥感数据的应用开展合作研究，针对性强，实现了对口合作、强强联合，使我国科学家直接参与欧洲最先进卫星数据的应用开发，从而使我国在某些遥感应用高技术领域从一开始就占有一席之地。合作的起点高，各研究课题中欧双方都由著名科学家领衔组建合作研究队伍，开展合作研究和学术交流，特别是中方科学家有机会与欧洲顶尖的科学家进行交流，了解和学习欧洲最先进的遥感技术，从根本上提高我国的遥感高技术研发能力。

（3）重视人才培养，增强合作后劲

人才是科技发展的根本动力。培养青年才俊是“龙计划”合作的根本目标和切入点。通过组织年轻学者参与合作研究、举办高级培训班、国外短期培训、举办系列学术研讨会等多种途径培养青年人才，使他们有机会与欧洲顶尖的科学家学习和交流，开拓他们的视野，从根本上提高青年科技人员的科学研究能力，增强我国的遥感科技研究后劲。

（4）科学组织和管理，推动合作深入开展

科学的组织、协调和管理，是推动合作深入发展的重要保证，欧洲航天局具有丰富的大型项目管理经验。通过合作，我国努力学习欧方的科学管理经验，提高我国的科技管理水平。项目执行期间，欧方首席科学家和主要管理人员每年来华访问3~4次，召开项目进展会，制定项目实施计划，访问项目单位和项目区，了解项目进展。项目每月召开一次双方首席科学家和主要管理人员参加的电话会议，互通项目信息，协商解决项目执行过程中出现的问题。各主题每两个月提交一次专题进展报告，以及时掌握各主题研究的进展状况和存在的问题。各课题欧方专家利用各种渠道来华访问，与中方专家交流研究成果和经验。现已初步形成适合“龙计划”合作特点、较规范的项目管理方式。

4.3 我国已有航天合作案例研究

4.3.1 新亚欧大陆桥航天国际合作案例

4.3.1.1 新亚欧大陆桥概况

新亚欧大陆桥(第二亚欧大陆桥)。东起我国连云港，途经河南省、陕西省、甘肃省、青海省、新疆维吾尔自治区等多个中西部省区，到达边境口岸阿拉山口进入哈萨克斯坦，再经俄罗斯、白俄罗斯、波兰、德国，止于荷兰鹿特丹港，全长约10870km，是目前亚欧大陆东西向最为便捷、覆盖国家和地区最多的通道。新亚欧大陆桥辐射亚欧大陆30多个国家和地区，居住人口占世界总人口的75%左右，由于横穿亚欧大陆中部，因此辐射范围比位于北部的西伯利亚大陆桥更广，尤其是东端可以覆盖整个东亚和东南亚，中段可以覆盖中亚5国。由于新亚欧大陆桥很大一部分线路是经古丝绸之路，因而又被称作现代丝绸之路。

4.3.1.2 合作案例

以哈萨克斯坦为例，2013年，哈萨克斯坦继续落实既有航天项目以及规划：

第一，建立并发展航天基础设施，包括Kazsat卫星通信及广播系统项目、遥感卫星系统项目，位于阿斯塔纳的航天器组装测试中心项目、高精度卫星导航等一系列大型投资项目。包括地面测控备份站及位于阿斯塔纳州伊犁区的通信监测系统计划投入运营，以及遥感卫星系统项目由哈萨克斯坦与法国Astrium公司合作建造。两颗遥感卫星的相关工作早先启动，其中一颗为分辨率7m的中精度遥感卫星，另一颗为分辨率1m的高精度遥感卫星。另外，位于阿斯塔纳的航天器组装测试中心项目由哈萨克斯坦与法国Astrium公司合作建造。目前，已完成设备及试验场的详细设计，进行后续建设运营。此外，高精度卫星导航项目由哈萨克斯坦与法国合作建造，一个由10个差分站、1个局域中心及1个移动差分站组成的局域差分系统已经投入使用。目前向哈萨克斯坦用户提供高精度导航服务的相关工作已经启动。

第二，发展航天科学基地及科技基地，包括发展科学实验基地、环境监测系统（水体监测、边境水体突发情况风险评估、境内突发情况监测）。

与我国航天合作及项目情况：近年来，中国航天与哈萨克斯坦航天局等单位建立了良好的关系，也一直在探索实质性合作。2010年3月，邀请哈航天局代表团访问中国航天，参观了一院、五院、资源中心等单位，与长城公司探讨了遥感卫星数据应用、高精度导航系统合作、地面设施、人员培训等8个方面的合作意向，参与了哈萨克斯坦3号通信卫星项目的投标，并积极推进中哈签署政府间合作协议。2013年9月，在习主席和那扎尔巴耶夫的见证下，中哈两国政府签订了《中华人民共和国政府和哈萨克斯坦共和国政府关于和平研究与利用外层空间合作协定》，以及哈萨克斯坦培训项目：中方积极研究并编制培训方案，按照方案实施人员培训。

4.3.2 中巴经济走廊航天国际合作案例

4.3.2.1 中巴经济走廊概况

中巴经济走廊是“一带一路”规划的试验和旗舰项目，是该规划计划建立的众多经济走廊中的一条。中巴经济走廊起点在新疆喀什，终点在巴基斯坦瓜达尔港，全长3000km，贯通南北丝路关键枢纽，北接“丝路经济带”、南连“21世纪海丝之路”，是一条包含公路、铁路、油气和光缆通道在内的贸易走廊。2015年4月，中巴两政府初步制定了修建新疆喀什市到巴方西南港口瓜达尔港的公路、铁路、油气管道及光缆覆盖“四位一体”通道的远景规划。

4.3.2.2 合作案例

航天合作方面，早在20世纪90年代，巴基斯坦在中国的西昌卫星发射中心利用中国航天研制的LM-2E火箭发射了BADR-1卫星，近年来，中国与巴基斯坦保持良好的航天合作关系。2007年4月，中国国家航天局与SUPARCO签署《关于加强航天科学和技术领域合作的框架协议》，为后续合作奠定基础。2008年，长城公司与巴方签订了PakSat-1R通信卫星合同。2011年10月，卫星正式在轨交付；基于PakSat-1R良好的运营情况，后续积极推进巴星二号、巴基斯坦遥感卫星等项目。2012年11月，长城公司与SUPARCO签署巴基斯坦卫星农情预报评估系统项目合同。此后，长城公司与巴方积极洽谈导航合作，2013年5月，中国卫星导航系统管理办公室与SUPARCO签署《关于卫星导航领域合作协议》，从政府间协议层面确认共建巴基斯坦国家位置服务网项目。

《中巴航天十年合作大纲》主要合作内容如表4-7所示。

表4-7 《中巴航天十年合作大纲》主要合作内容

序号	项目名称	合作内容
1	巴基斯坦遥感卫星项目（PRSS）	巴遥1号及后续遥感卫星合作
2	甚小孔径卫星终端/直播到户设备生产设施（VDEMF）	为VDEMF的设计开发提供技术支持和工程服务；为VDEMF的开发提供设备、部件和材料
3	培训教育合作与交流	培训交流
4	空间科学联合研究和开发项目	向SUPARCO提供技术支持和工程服务；可以使用研究实验室和设施
5	大口径光学望远镜	地基大口径光学望远镜合作
6	遥感和地理信息系统（GIS）应用项目	HJ-1A/B/C星的数据产品服务；咨询、人力资源培训和技术交流合作
7	资源卫星应用合作	遥感领域交流与学习；对巴基斯坦地面站实施改造以用于接收中方资源卫星数据；在轨卫星场地与交叉定标方法、技术与软件
8	PAKSAT-1R地面应用	地面应用系统合作
9	气象遥感卫星合作	风云气象遥感卫星合作
10	在卫星地面服务方面开展合作	遥感方面相关合作

4.3.3 我国签订合作协议现状

2011年以来，中国与29个国家、空间机构和国际组织签署43项空间合作协定或谅解备忘录，参与联合国及相关国际组织开展的有关活动，推进国际空间商业合作，取得丰硕成果（表4-8、表4-9）。

表4-8 与中国签订的双边合作协议的基本情况

国家名称	协议情况
俄罗斯	在总理定期会晤委员会航天合作分委会机制下，签署《2013—2017年中俄航天合作大纲》，积极推动在深空探测、载人航天、对地观测、卫星导航、电子元器件等领域合作
欧洲空间局	在中欧航天合作联合委员会机制下，签署《2015—2020年中欧航天合作大纲》，明确在深空探测、空间科学、对地观测、测控服务、空间碎片、教育培训等领域开展合作，启动实施“太阳风与磁层相互作用用全景式成像卫星”，圆满完成“龙计划”第三期科技合作
巴西	在中巴高层协调与合作委员会航天分委会
法国	在中法航天合作联委会机制下，持续推进中法天文、中法海洋等卫星工程合作项目，签署关于空间与气候变化的合作意向书，推动空间技术应用于全球气候变化治理
意大利	成立中意航天合作联合委员会，稳步推进中意电磁监测试验卫星工程研制
英国	持续推进中英空间科学技术联合实验室建设，加强航天科技人才交流，启动中英遥感应用合作研究
德国	推动两国航天企业间对话，加强两国在航天高端制造领域的合作
荷兰	签署空间合作谅解备忘录，推动农业、水资源、大气环境等领域遥感应用合作，明确在“嫦娥四号”任务实施中搭载荷方有效载荷
美国	在中美战略与经济对话框架下，开展民用航天对话，明确在空间碎片、空间天气和应对全球气候变化等领域加强合作
阿尔及利亚、阿根廷、比利时、印度、印度尼西亚、哈萨克斯坦等国	签署航天合作协定，建立双边航天合作机制，明确在空间技术、空间应用、空间科学、教育培训等领域加强交流与合作

表4-9 与中国签署的多边合作协议的基本情况

国家名称	协议情况
联合国	中国积极参加联合国和平利用外层空间委员会及其科技小组委员会、法律小组委员会的各项活动，积极参与外空活动长期可持续性等国际空间规则磋商，签署《中国国家航天局与联合国对地观测数据和技术支持谅解备忘录》，积极推动中国对地观测卫星数据在联合国平台上的共享与合作。 中国积极支持联合国灾害管理与应急响应天基信息平台北京办公室开展相关工作。 联合国在北京设立空间科学与技术教育亚太区域中心（中国），促进国际空间领域的人才培养。 中国积极参与全球防灾减灾国际事务协调，通过联合国灾害管理与应急反应天基信息平台、联合国亚洲及太平洋经济社会理事会、空间与重大灾害宪章等机制，为国际重大灾害救援工作提供了卫星数据支持和技术服务
亚太空间组织	中国在亚太空间组织合作框架下，积极参与推动亚太空间合作组织联合多任务小卫星星座项目，成功举办以“‘一带一路’助力亚太地区空间能力建设”为主题的亚太空间合作组织发展战略高层论坛，并发表北京宣言
金砖国家组织	中国与巴西、俄罗斯、印度、南非等国航天机构共同发起并积极推动金砖国家遥感卫星星座合作
中国—东盟	启动实施中国—东盟卫星信息海上应用中心、澜沧江—湄公河空间信息交流中心建设等项目
IADC、GEO等	中国积极参与机构间空间碎片协调委员会、空间与重大灾害宪章、地球观测组织等政府间国际组织的各项活动。成功举办第三十一届空间与重大灾害宪章理事会、第三十二届机构间空间碎片协调委员会等国际会议
ICG等	中国积极参与全球卫星导航系统国际委员会活动，成功举办第七届全球卫星导航系统国际委员会大会，积极推动北斗系统与其他卫星导航系统兼容与互操作，推广普及卫星导航技术，与多个国家和地区开展卫星导航应用合作
IAF、IAA、COSPAR等	中国积极参与国际宇航联合会、国际空间研究委员会、国际宇航科学院、国际空间法学会等非政府间国际组织和学术机构的各项活动，成功举办第六十四届国际宇航大会、2014年联合国/中国/亚太空间合作组织空间法研讨会、第三十六届国际地球科学与遥感大会等国际会议。在联合国空间应用项目框架下成功举办首届载人航天技术研讨会

4.4 小结

4.4.1 国际合作是发展趋势

类似空间站这种大型空间系统具有规模大、技术复杂、应用广泛、运营时间长等特点，集各家所长，走国际合作路线是未来大型空间系统建造和运营的发展趋势：

（1）服务于国家发展战略和政治外交需要；

（2）国际合作参与各方均受益；

（3）促进科学、技术进步；

（4）有利于综合利用空间站，分摊空间站运营成本。

4.4.2 我国航天国际合作的形式和需求在转变

（1）从属型合作向主导型合作转变。过去，由于我国在经济、科技上处于弱势地位，我国机构参与国际科技合作多为依附型合作，在项目选题、科研成果、知识产权等方面被迫遵守中方与外方的权利及义务分配的不平等潜规则。但近年来，我国高校、科研院所、企业在国际学术界显示出自己的实力，我国科研机构所能获得的国际合作的机会越来越好。随着国内科研机构参与国际科技合作层次的不断提升，我国科研机构的国际合作终将实现由从属型合作向主导型合作的跨越。

（2）由外延式合作向内涵式合作转变。在以往的合作中，我国以投入技术型劳动力为主，重视项目合作，忽略了资源集成和人才培养。近年来，我国开始重视内在质量和长期效益。以高校的国际合作为例，我国高校开始重视合作、基地建设、人才培养、学科发展的“四位一体”内涵型合作意味着项目合作从本校的优势的课题研究出发，围绕学科梯队建设来进行，在此基础上，借鉴国外先进的理论和方法，使合作平台成为高层次人才的孵化器，成为学科发展的强大推动力。

4.4.3 国际合作模式多样化

通过上述案例分析可以发现，航天国际合作的模式多样，内容丰富：

（1）提供运载工具，运输航天员、货物、载荷设备等；

（2）建造舱段和研制部件；

（3）科学实验项目合作；

（4）提供资金支持。

4.4.4 健全法律法规

自20世纪50年代以来，中国从未停止过对空间的探索，空间活动的成就表明中国已无可争议地成为世界上的空间大国。但是在空间立法方面，2001年以来，中国才先后颁布了《空间物体登记管理办法》和《民用航天发射项目许可证管理暂行办法》。空间立法存在缓慢、滞后、效力层级低等问题。中国虽然由于多种原因未成为国际空间站的成员国，但是随着神舟七号的成功发射以及天宫一号和未来的空间站的不断实现，中国可能更深入地参与国际空间站的活动，也可能在未来的空间站建造中邀请其他国家共同参与。为此，中国应当制定自己的空间活动法，明确空间活动的管理制度，并为国际合作和空间商业化利用设定法律保障。而《国际空间站合作协议》的法律框架，值得中国进一步研究和学习。

5 航天国际合作概念及合作途径分析

5.1 概念内涵分析

5.1.1 航天的概念

航天是指进入、探索、开发和利用太空以及地球以外天体各种活动的总称；也是一个包含科学研究、技术开发、工程建造、应用服务、运行管理、政策法规、国际合作等众多业务与环节的战略性产业，是一个跨学科、多专业、大规模、巨系统和强综合的高新技术领域。

5.1.2 国际合作的概念

国际法中的合作是一种国家之间的基本义务。国家之间的相互“合作”应该超越其不同的政治、经济和社会制度，在国际关系的各个领域中保证世界和平与安全以及国际经济的稳定和进步，并造福于各个民族。同时，我们也注意到，通过国际合作谋求发展是国际法的基本原则之一。该原则要求在国际经济交往中，为实现各国的共同发展，必须加强各国在经济、社会、文化、科学技术等领域的合作。

在国际法对于国际合作解释的基础上，邓小平在其国际合作理论中，从发展中国家的立场出发，以国际合作各方的发展程度为标准，将国际合作分为两种模式：南北合作与南南合作。

5.1.3 航天国际合作

航天是一个国家综合国力的代表，在国际市场上所受到的政治、经济、军事、外交、外贸等的制约程度不是别的商品所具有的，在国际贸易和国际合作中往往追求的不仅仅是单纯的经济效果，而是政治、外交、经济、贸易等的总体最优效果。航天国际合作是多元的，可以分级逐步实现。

综上所述，中国航天国际化发展的目标可包含以下几个层次：

目标一：航天工程研制和技术创新能力达到国际水平。这个目标是航天国际合作的核心。

目标二：航天系统和航天工程的研制和建造有效利用国际资源，开展多项目、多过程的交流合作。

目标三：航天系统、产品、技术、应用和服务在国际市场上占有一定的份额，即航天系统、产品、技术、应用与服务的出口，在国际市场上达到一定的数量和规模，形成国际知名品牌。

目标四：参与国际航天法律、规章、原则及其他相关游戏规则的研讨、制订与修订。

目标五：中国航天标准得到国际认可和应用，参与国际标准化组织的活动，未来可成为国际上普遍引用的标准，中国成为国际标准化组织的积极成员，参与该组织的决策活动。

目标六：在国际航天组织，重大国际航天项目和航天活动中均有席位。在地球观测系统（EOS）、机构间空间碎片协调委员会（IADC）、国际空间数据咨询委员会（CCSDS）、国际空间探索协调组（ISFCG）、国际空间站等国际航天组织、重大国际航天项目和航天活动中，中国均成为不可或缺的、有贡献的成员。

5.2 构成要素

5.2.1 航天国际合作的目的

航天国际合作的目的涉及航天国际合作的价值取向问题。不同行为体在同一合作过程中的获益存在很大差异，其原因既在于合作形式的差异，也在于不尽合理的制度安排。一般意义上的国际合作必然是为了探索通过国际合作实现国家的个体获益和国际社会整体获益均衡的途径。国际合作的最终目的是使个体收益的总和接近国际整体收益的利益水平。

航天事业是一项高投入、高风险的事业，航天领域的国际合作起因于这一领域在经济学上的特殊性，即航天领域的项目作为巨型工程具有较高的交换成本特性，在规模上属于大型经济规模，在实施中具有较大的技术和经济风险。在航天领域开展大范围、宽领域、多层次的国际合作，其主要目的在于一方面能集中有限资金，另一方面能更好地发挥合作各国的优势，达到优势互补，以共同促进人类对太空资源的研究、开发和利用。

5.2.2 航天国际合作的主体

空间开发中的国际合作开始于各国空间活动的立法研究和制定过程，但是目前已经远远超越了这个范畴，扩展到了有关空间研究与设计以及空间实际应用系统的商业化运作。

目前，空间研究和开发的国际合作现状使得一系列国际空间合作问题的研究成为可能，例如国际空间站、地球空间双星探测计划等。通过对国际空间合作现状的分析，我们可以看出，空间利用和开发中的国际合作部分具有政府间的性质，部分可能是建立在一些私人组织的某一共同利益和兴趣基础之上，还有的则是一种纯粹具体利益基础上的多方合作。所有的航天国际合作都将在两个层次上得到发展：政府间的和非政府间的。这就决定了航天国际合作的主体应该包括政府和企业、科研单位、院校、学术与社团组织以及公民个人等非政府主体。

5.2.2.1 政府

航天国际合作必须由政府统一规划。航天是技术、科学与工程项目相结合的现代高技术领域，航天的成就建立在国家高技术发展的成果上，因此没有政府的统一领导是无法实现的，需要政府从国家战略的高度出发，做好顶层设计和整体规划，调整结构，整合资源。为了实现民用航天国际合作的最优效果，必须加强政府的干预和统一规划，综合考虑，才能相互协调，系统配套，节省投资，提高综合效益。

根据航天国际合作层次的不同，在政府间航天国际合作中，政府主管部门是合作的主导者或主持者，负责航天国际合作政策的制定、合作规划、投资、技术攻关、组织实施和协调等。

另外，鉴于航天国际合作是系统工程，涉及一个国家的政治、经济、科技等多个领域的政府部门，必须明确各政府部门在航天国际合作中的定位和角色，为航天国际合作的顺利开展和实施提供条件。

在非政府层次的航天国际合作中，政府负责制定参与民用航天国际合作的相关政策和管理条例，并发挥好积极的引导和监督作用。

5.2.2.2 非政府法人组织

当前，空间活动中所有非政府的法人组织，不论是一个国家所属的，还是跨国的，都不具备国际法律主体性。可以说，这样的公司和组织都不可以成为各种多边或者双边性国际条约的缔约方。所有有关类似的“国家性合同（即国家与其签订的民事法律交易活动文件）”都不是国际法意义上的条约，也就不可能具有国际法意义上的“法律主体”性质。法人组织也只有在作为国家机关的附属组织，对相应的空间物体进行制造、加工的情况下，类似的国际法律规范才适用于有关的法人组织。

但是，随着航天活动及其商业化的逐步扩大以及非政府法人组织参与航天国际合作方式的逐步多样化，非政府法人组织也必然会成为商业化航天国际合作的重要主体。

5.2.2.3 高校

航天国际合作的初期阶段往往是以国际交流为先导，通过各种层面的国际交流为进一步开拓新的国际合作提供信息和奠定进一步合作的基础。而鉴于航天国际合作具有浓厚的政治色彩，各种层面的国际交流中又以高校与国外航天领域的高等院校、学术机构和研究机构的国际交流与合作较为有利，规避政治壁垒相对容易，因此，高校应参与到航天国际合作中来。

以国际空间站的合作为例，在其不对中国政府开放的情况下，2002年5月31日，东南大学和上海交通大学通过与诺贝尔物理奖得主、美籍华人科学家丁肇中教授签订“东南大学与国际空间站上的AMS（02）实验合作协议”，使得中国高等学校参与到这项国际最前沿的科学研究中。事实证明，高校是我国航天国际合作的重要主体之一。

然而，我国高校在航天国际合作方面的研究和学术队伍相对较薄弱，缺乏相应的学科设置和研究机构，因此有必要建立从事航天国际合作科学研究和人才培养方面的研究咨询机构，致力于对世界、亚太地区特别是中国航天在国际合作过程中所面临的经济与战略问题进行深入研究，为国家航天国际合作决策提供政策性建议，为航天管理机构及大中型企业提供咨询服务，同时培养复合型、国际化的航天国际合作高级管理人才。

5.3 航天国际合作途径和方式

5.3.1 航天国际合作模式

归纳航天国际合作的模式大致可分为区域集团发展型、区域集资型、双边或多边专项型和一般性的全球空间国际组织或机构等四种。

区域集团发展型是以区域性国家集团政治、军事、经济稳定的战略关系为背景，以发展空间技术共同的战略目标及利益为基础，形成永久性国际空间合作组织，其典型代表是欧空局。

区域集资型主要是指某些发展中国家，由于地理位置相互接近及地缘政治和发展经济及文教事业的共同需要，建立区域性国际组织，主要是联合集资并求助于发达国家的技术援助。其典型代表有阿拉伯卫星组织。

双边或多边专项型主要是指由共同需求的国家围绕某个发展项目签订双边或多边合作协议，并围绕工程项目成立临时性的双边或多边合作协调机构。其典型代表有国际空间站项目。

一般性的全球空间国际组织或机构主要是附属于联合国，并与空间活动有关的各种国际组织，以及全球性的非官方空间科学技术的学术机构。如世界气象组织、国际宇航联合会、国际宇航学会等。

面对双边国际合作而言，借鉴邓小平的国际合作理论，其合作模式可分为如表5-1所示的合作方式。

表5-1 国际合作模式

合作模式	合作方式	合作形式	利益分配
南北合作模式	技术水平较高、经济实力雄厚的国家	合作研制/技术转移/委托研究/成果应用等	一方主要获取资金，另一方主要获取技术或人才
符合市场规律的平等互利的合作模式	技术水平接近、具有一定经济实力的国家	合作研制/技术转移/委托研究/成立合资公司/产品引进/在对方空间系统或产品研制、经营上进行投资	按照市场规律进行利益分配
援助性的南南合作模式	技术水平、经济实力相差较大的国家	利用成熟的空间技术和空间应用技术，为合作国家提供优惠服务	政治援助

目前，在实践中的航天领域可选择的国际合作方式（表5-2）：

表5-2　可选择的国际合作方式

合作方式	主要内容
转包生产	利用工厂现有设施，稍加改造，通过补偿贸易渠道或通过国际投标渠道为国外航天器和卫星等产品的主承包商制造零部件或系统，按时把制成品运给主承包商供总装使用
风险分担转包	在合作过程中以合作伙伴形式承担一定比例的研制费，以换取一定量的转包任务，并参与很少部分的研制工作
全股份权益伙伴	在合作方式中合作伙伴也按份额承担研制费，以换取参加设计、制造、营销和产品支援等所有环节工作的权利，合作伙伴要求享受与股份相等的权利
专利/合作生产	是一种技术转让方式，由输出方提供资料、技术和其他帮助，引进方先进行装配，然后再逐步增加本国制造的零部件
协作中合作	这种方式是在伙伴政府间或伙伴公司间签订合作研制某种型号航天产品的协议，原则是在责、权平等的基础上，工作量、费用以及销售收入都由合作方均摊
合作经营	这种方式是由两个或多个国家的制造商共同参与研制新产品，按协议共同投资、共同经营、共负盈亏、共担风险
国际咨询	这是一种就某个研制项目通过签订合作协议，要求国际上有经验的制造公司、团体和个人提供咨询的一种合作方式
人才交流与培训	通过开展研讨、学习、参观、培训等多种方式相互提供人才交流和培训机会的一种合作方式

5.3.2 国际合作途径

就“一带一路”国家和地区来说，开展航天国际合作采用什么样的模式，则主要取决于参与合作国家的政治因素、经济条件、航天技术发展情况以及合作中的主要需求，因此合作模式是不拘一格、多种多样的。

5.3.2.1 从产业链角度出发的国际合作途径

按照产业链角度分类，航天国际合作模式可分为联合研制模式、联合运营模式、发射服务模式、产业整合模式等。

（1）缔结联盟开展卫星联合研制

不同航天国家间推动卫星联合研制，以解决技术、资金和人才的瓶颈问题。由于通过航天国际合作加强了技术交流，降低了参与国的空间开发成本，解决了某些航天项目经费不足、人才不足、技术短板等问题，从而加快了全球航天事业发展的步伐。实践证明，国际合作是解决航天领域某些难题的一条经济可行的快捷之路。例如，中巴地球资源卫星一号是由中国和巴西共同研制的地球资源卫星，卫星是采用国际上先进的公用平台设计思想设计的。这颗卫星未经试验卫星阶段，就直接进入实用阶段，且卫星起点高，技术难度大，通过联合研制加快卫星制造并投入实际运营。美国数字全球（DigitalGlobe）公司与沙特阿拉伯Taqnia Space公司和阿卜杜勒-阿齐兹国王科技城联合建造、集成和发射卫星，沙特方面拥有50%对沙特阿拉伯和“周边区域”成像能力，数字全球公司拥有另外50%的成像能力，以及对世界其他地区的全部成像能力。

（2）采取产业链一条龙全面合作

有的大型航天计划出现了一条龙的合作模式，不仅合作进行研究、卫星制造，而且还在此基础上合作提供后续服务，并合作进行市场营销。这种合作方式把航天产业的上下游有机地串联在一起，能够谋求到更大的合作利益，更有利于实现双赢。

例如，以色列同意加入欧洲伽利略卫星导航计划，成为继加拿大、中国和印度之后第四个同意与欧盟就伽利略卫星导航计划展开合作的国家。据悉，以色列对伽利略卫星导航计划的投资额度为2000万～5000万欧元（2400万～6100万美元）。根据欧委会行政部门发表的声明，以色列将参与合作的领域包括研究、卫星制造、后续服务和市场营销。也就是说，以色列将在伽利略卫星导航计划中与欧盟进行一条龙式的合作。

（3）共同发展航天技术应用产业

航天技术应用已经从最初的通信卫星逐渐深入到对地观测、海洋观测、导航定位等各个行业的应用，全球建站、卫星数据、卫星服务正在进入全球大众生活。以“一带一路”为契机，共同建设空间信息走廊，通过中国现有航天能力的体系化保障所有用户的需求及应用发展，推广一站式服务，开展多层次、多渠道、多方式推进交流与合作。

（4）企业重组兼并进行国际合作

目前欧洲航天国家正在积极采取以跨国重组合并、整合空间业务的方式进行国际合作，形成了一种航天企业跨国重组合并的浪潮。

法国宇航马特拉公司与德国宇航公司、西班牙航空制造公司合并，组成欧洲航空防务与航天公司（EADS）。合并重组后，该公司的航天业务涵盖了卫星、运载火箭、导航、轨道站和其他空间设备的研究和制造，成为世界上少数几个业务能力覆盖整个航天活动的公司之一，成为一个真正横跨欧洲的巨型航空航天和军工集团，同时成为世界第三大航空航天和防务集团。

为了开展两国之间长期的航天国际合作，维持相对稳定的双边航天合作关系，一些国家不仅提出了航天合作的“一揽子”计划（甚至称为一体化合作计划），还专门成立了联合工作小组或者特别的合作委员会，推动两国之间这种合作计划的实施。

5.3.2.2 从合作主体出发的航天国际合作途径和方式

（1）政府间合作

外交部、发改委、工业和信息化部、国防科工局等政府部门，要在顶层设计的框架下，分步实施，深化论证、开展商业化发展，拟定未来通过国家重大工程项目、国家产业政策、关键技术攻关、国际合作等多种支持渠道和组织方式推进航天技术走向“一带一路”，使我国空间信息产业在走廊区域的市场化、国际化达到世界先进水平，为走向全球奠定坚实基础。

根据“一带一路” 空间信息走廊系统相关方案，在空间信息地面服务网络的构建方面，智能化卫星综合调度和管控系统、国际化遥感信息云服务平台、卫星应用大数据存储与处理，主管政府部门（如国防科工局长大专项工程中心）可以通过对现有和规划中我国各种卫星资源、地面站网、数据资源和空间信息处理能力的统一综合调度与整合，可进一步提升我国星地资源的运行能力与应用效能，更好地满足“一带一路”复杂多样的用户需求，增强我国利用空间技术应对全球热点地区突发事件的应急响应能力；通过智能化卫星综合调度和管控系统、空间信息共享与云服务平台系统，统筹调度运行我国民用航天相关资源，也是大幅提升我国航天国际化服务水平、促进我国空间信息产业国际化发展的有效途径。

（2）多边组织合作

亚太空间合作组织（APSCO）是由亚太地区联合国成员国组成的政府间国际组织，总部设于中国北京。该组织的宗旨是通过推动成员国之间空间科学、技术及其应用多边合作，并通过技术研发、应用、人才培训等事务在成员国之间开展互助，提高成员国空间能力，促进人类和平利用外层空间。“亚太空间合作组织”的前身为“亚太空间技术与应用多边合作计划”。经过亚太地区多国政府的不断努力，该组织从一个相对松散的合作机制发展成为一个紧密实体性空间合作组织。

在亚太地区空间技术与应用多边合作（AP-MCSTA）的框架下，亚太空间合作组织致力于推动区域间空间领域技术和具体合作空间项目，围绕包括空间技术及其应用项目，如对地观测、灾害管理、环境保护、卫星通信和卫星导航定位，以及空间科学研究、空间科学技术教育、培训等。“一带一路”国家和地区在空间领域的合作不仅有助于国家间加强相互了解和信任，而且通过将空间科技应用于资源探测、灾害管理、通信导航等领域，有助于解决各国面临的许多实际问题，促进各国的经济和社会发展。

（3）企业之间合作

与“一带一路”国家和地区的相关企业加强与产业链上下游合作。鉴于国外航天公司商业模式已经出现了产业价值链一体化、合作方式灵活的趋势，我国企业重新思考与国外企业进行产业链上下游伙伴开展各种合作的可能性。

上游：全球采购模式，建立供应链分级管理体系。建议针对商业卫星开展全球采购模式研究，与上下游供应商建立战略合作关系，构建多层级的供应链管理模式。根据分系统级单机产品的需求，按照“成本最低、系统最优、周期最短”的原则面向全球招标采购，建立多层级供应商，卫星项目办直接与一级供应商接洽，二、三级供应商由一级供应商自由发展和控制，让诸多供应商参与到项目研发的初级阶段，以便将部分成本和风险转嫁给供应商。同时逐步开展二、三级供应商终生计划，只要其有能力提供项目所期望的产品，可成为项目办单一供货来源，获得可靠且可预测的收益。通过建立全球产业链模式，不断加强对供应商的控制力度，程度上满足系统指标、成本控制及履约周期等项目需求。

中游：建立长效协调机制，与运载制造商共同定义产品。建议在相关单位统一指导下，国内卫星制造商与运载制造商建立长效协调机制，促进产品市场化进程。同时，放开国内卫星匹配国内运载的政策限制，开展与国际运载制造商的接口匹配性研究，提升卫星产品的国际竞争力。

下游：借本土运营商之力，合作开拓国际市场。当前国际卫星市场，卫星运营商强强联手，整合资源的案例愈来愈多，运营商为增强业务灵活性，倾向于与合作伙伴分担卫星容量，共同运营。通过与目标用户共同承担卫星成本、共享星上转发器资源，开启公寓式卫星模式，吸引国外运营商与中国航天开展合作。

针对国外卫星制造商增值服务专业化趋势，应考虑设立专业的卫星服务部门，发展向“一带一路”用户提供集成服务和打包解决方案的能力，我国卫星应用服务企业考虑开展：①融资服务。针对政府市场项目，具备国家主权担保信用贷款申请能力。与国家开发银行、中国进出口银行、中国出口信用保险公司建立长期合作关系，利用两行提供的两优贷款资源（优惠出口买方信贷、优惠贷款），根据国家外交政策进行市场推广。充分配合国家“一带一路”倡议，利用配套优惠政策，开展与政策辐射国家的合作。②终端用户市场开拓服务，在我国前期出口的通信卫星项目中，一些发展中国家用户因缺乏卫星运营经验，导致卫星使用情况不够理想，未能形成经济效益，不易于后续项目在该区域推进。针对发展中国家新兴市场客户群体不稳定问题，可以利用国内卫星项目运营经验，帮助卫星运营商开拓终端市场用户，以卫星的充分利用和良好效益对周边地区形成辐射效应带动卫星出口。

6 “一带一路”国际化合作需求

6.1 “一带一路”沿线国家航天实力分类及主要合作方式分析

全球大概有15个拥有航天能力的国家。这15个国家里，除了欧美俄之外，印度制造和发射火箭的能力提高得比较快，伊朗、朝鲜也具有一定的卫星发射能力。“一带一路”沿线65个国家中也不乏具有相当航天实力的国家，但又不尽相同。结合美国富创（Futron）公司发布的《2014年全球航天竞争力指数报告》排名情况及航天智库相关研究，将“一带一路”沿线国家（不包括东欧和中欧大部分国家）的航天整体实力划分为四类，分别是航天引领者、竞争者、追随者和企盼者。从另一个维度可以根据是否具备航天研发、加工、制造等能力，把沿线国家分为航天国家和航天技术应用国家，以中国、俄罗斯、印度、乌克兰、以色列等为代表的第一类、第二类国家列为航天国家，以巴基斯坦、土库曼斯坦、阿塞拜疆等国为代表的第三类、第四类国家列为航天技术应用国家。具体言：

第一类国家为航天引领者：俄罗斯、中国、印度三国，卫星通信、卫星导航、卫星遥感等应用系统完备，全球航天竞争力排名第三名、第四名和第六名。这类国家整体实力强，不仅拥有先进的航天技术、较为完备的工业体系、产业结构及丰富的地面基础设施和空间，而且拥有高水平的人力资源，以及基本的法律和制度保障。这类国家属于实力雄厚的航天引领者。

与此类国家适宜以合作为主，着力于先进技术的交流、合作与提升。一方面，以围绕国家战略部署，稳步推进政府间合作项目为主，在月球、火星等深空探测工程与技术合作、单机产品进出口与技术合作、航天测控支持、空间政策、航天标准研究等方面深入挖掘，注重合作效果和转化价值。另一方面，加强与其优秀航天企业、科研机构、学术机构间的对接，通过深入的交流，挖掘企业间技术合作和商务合作项目。下节以俄罗斯为合作对象进行具体分析。

第二类国家为航天竞争者：以色列、乌克兰，全球航天竞争力排名第九名和第十二名。这类国家在特定的领域拥有较为先进的航天技术、工业能力及航天基础设施，为第一类航天引领者国家提供技术或工业支持。但此类国家在航天领域的投入不稳定，人力资源不均衡，在某些领域明显不足甚至缺失，偶尔参与航天引领者国家组织的航天活动，但极少起到主导作用。

与此类国家也应主要以合作为主，保持中国较之在航天领域的持续投入、产业结构的完善、稳定和均衡的人力资源等方面的优势，引领其在某些缺失领域的发展，不断扩大中国的航天国际“朋友圈”。从天地一体化解决方案、整星级、系统级产品与服务到分系统级产品、单机级产品、试验与测试服务、航天技术转化产品与服务、卫星应用产品与服务方面都可以进行合作。下节以乌克兰为合作对象进行具体分析。

第三类国家为航天追随者：以巴基斯坦、泰国、印度尼西亚、哈萨克斯坦、土库曼斯坦、阿联酋等国家为代表。此类国家在努力发展国家航天，逐步开展自主航天系统研发能力、掌握航天技术，致力于构建航天工业体系建设和基础设施，具有一定航天人才资源，尝试在特定领域开展航天活动，并积极构建航天技术应用能力。此类国家通常优先考虑发展航天技术应用，多采用通过技术转移、跨国培训等国际合作形式掌握先进的航天技术。

针对此类国家对航天的主要需求，按照不同国家的不同需求，提供定制化的产品及服务。在提供定制化的整星或系统工程构建、解决方案与咨询服务等方面的基础上，大力发展航天技术应用产业，拓展卫星应用与增值服务。与中国关系密切、友好程度高的国家，主要以技术输出为主，在获得经济利益的前提下，主要助其建立和完善本国的航天基础设施、发展本国经济、提升国民生活水平；而与其他非紧密联系的国家则主要以满足其多样性需求、获取最大经济利益为主要目的。下节以巴基斯坦为合作对象进行具体分析。

第四类国家为航天企盼者：以土库曼斯坦、柬埔寨、斯里兰卡等国家为代表。此类国家大多数受限于经济和科技发展水平，航天能力和基础设施都很薄弱，国家高科技、国际化人才储备不足，大部分国家航天相关法规、政策尚不完善，体系不够健全，卫星建造及应用的相关教育培训相对欠缺。

在此类国家通过咨询、培训等价值服务牵引需求，或从卫星应用产品寻求突破，主要采用出租卫星、出售数据的模式，引导其对卫星的应用和基础设施（地面站）的建设，输出地面应用系统集成和设备制造，在此基础上推进航天技术应用，带动其航天技术人才培养及卫星应用市场的建立，从而推动其石油和天然气资源的开发及农、林、牧、渔的发展，促进当地科技和经济的进步。下节以土库曼斯坦为合作对象进行具体分析。

6.2 航天实力雄厚的引领者（航天国家）——以俄罗斯为例

6.2.1 俄罗斯航天发展现状

俄罗斯是传统的世界航天强国，结合这一类国家进行航天国际合作与经营的目的来看，与中国可谓优势互补、互为需求。自2001年以来，中俄双方多次滚动更新中俄航天合作大纲，在其框架下已完成100多个合作项目，在诸多领域都开展了广泛、深入的合作，实现了资源和技术的互补，互通有无、共同提高。目前，中俄航天合作已从基础技术合作转入重大战略合作的新阶段，合作领域涵盖运载火箭、航天电子元器件、对地观测、月球与深空探测、载人航天、北斗导航等，表6-1为俄罗斯航天情况介绍。

表6-1 俄罗斯航天情况介绍表

项目	内 容
发展战略	国家安全置于优先地位，把太空优势作为确保国家安全的重要手段
政策支持	中长期战略：《2016—2025年俄罗斯联邦航天发展规划》等； 专项规划：《2012—2020年格洛纳斯系统维护、开发和利用》等； 法律法规：相对完善，如《2020年前俄罗斯联邦国家测绘局发展纲要》《地球遥感数据条例》等
组织管理	国防部：军用航天器发射、测控、情报及航天发射场的管理由总统直接领导的联邦国防订货局、航天兵司令部和总装备部负责； 航天国家集团：管理联邦民、商用航天活动
航天系统	卫星：包括通信卫星、对地观测卫星、导航和科学卫星等，发展较为全面； 载人航天：利用成熟技术通过东方飞船、上升飞船、联盟飞船、礼炮空间站等载人航天领域获得丰富的经验和可靠的先进技术； 空间探测器：未来和正在进行的空间探测任务包括月球—水珠、月球—土壤、机器人月球基地和金星探测器； 运载火箭：有很多系列，商业发射带来的利润在航天总收益中占很重要的一部分

续表

项目	内　容
航天技术与应用产业	代表性企业：科罗廖夫能源火箭航天集团、赫鲁尼切夫国家航天科研生产中心、进步国家火箭航天科研生产中心、列舍特涅夫信息卫星系统股份公司； 卫星应用与产业化：通信卫星和对地观测领域相对成熟，但通信卫星的应用体系不够完善，业务上主要提供通信、电视广播和数据中继业务；地理覆盖上主要面向俄罗斯境内，近年来向中东、非洲和美洲等新兴市场拓展。组建了格洛纳斯股份有限公司推进卫星相关产业发展
合作态度	积极，主张在航天领域实行全方位的国际合作

6.2.2 合作可能性及目的分析

以俄罗斯为代表的此类国家开展航天合作主要有三方面目的，一是出于本国外交战略的需要，将开展航天合作作为科技合作的重要工具，提升本国在国际外交中的地位。二是提升技术水平、保持竞争力。航天技术日新月异，一国很难在所有领域都能保持技术优势，通过开展国际合作能起到不断提升航天技术水平、持续保持竞争力的作用。三是分散航天研制失败带来的风险。发展航天技术是一项高投入、高风险的活动，随着航天科技的迅猛发展和复杂程度的大幅提高，仅凭一国之力开展航天研制风险日益增大。通过开展国际合作，可以拓宽航天研制成本的融资渠道，分摊成本、降低风险，保证航天研制活动的顺利开展。

6.3 具备一定航天能力的竞争者（航天国家）——以乌克兰为例

6.3.1 乌克兰航天发展现状

乌克兰继承了苏联解体时的30%的导弹与航天工业能力，在运载火箭、航天器总体设计及总装、动力系统、控制系统、星载设备、地面接收设备、材料及工艺研究与制造等关键的基础领域具有雄厚的基础实力，形成了从航天器总体到分系统设计与研制的相对完善的航天工业体系结构。

乌克兰作为苏联航天工业的重要继承者之一，是目前世界上有重要影响力的国家之一。全球22个著名工艺技术领域，乌克兰掌握了17个。但由于国家政局动荡，特别是2013年政治危机以来，造成近几年经济出现零增长，通货膨胀加剧，国家外债上升，科技创新乏力，信用等级下降等问题。乌克兰航天发展现状如表6–2。

表6–2 乌克兰航天发展现状

项目	内　容
发展战略	国家安全置于优先地位
政策支持	因政局动荡造成航天投入不稳定，政策未落地
组织管理	国家航天局：负责管理乌克兰所有的航天领域活动，共拥有30多家企业、科研院所和设计局
航天系统	卫星：通过研制本国卫星如新一代“海洋”观测卫星、“镰刀”1资源微小卫星、雷比吉等静地轨道通信卫星，以及租借他国卫星和对外出租本国卫星来满足现实需要； 运载火箭：实力雄厚，有著名的“旋风”系列和“天顶”系列，还在不断开发地上发射、空中发射和海上平台发射的运载火箭
合作态度	积极，主要进军国际商业发射和卫星应用市场

6.3.2 合作可能性及目的分析

以乌克兰为代表的此类国家开展航天合作主要有三方面目的，一是提升国际地位、提高国际竞争力。二是实现航天技术的跨越式发展。三是拉动本国经济增长。同上所述，仅凭一国之力很难在航天所有领域保持资金和技术上的优势，各个领域都有实力强劲的国家或企业，通过国际合作，互通有无，得到各国和各企业最大的支持，不仅能带动航天应用领域的发展，同时也能辐射和带动其他领域和行业的发展，从而促进经济发展，提高国际竞争力，在国际事务中提高影响力、提高国际地位。

6.4 积极参与航天发展的追随者（航天技术应用国家）——以巴基斯坦为例

6.4.1 航天发展现状

巴基斯坦是中国的战略合作伙伴，在众多领域都与中国保持着健康互利的关系。其在1990年拥有的首颗“Badr–1R”卫星，就是由中国制造并发射的。巴基斯坦研制这颗星的目的是获取研制通信卫星的经验，试验地面站之间的话音和数据通信，试验数据贮存和转发，获取跟踪卫星经验。2011年8月中国在西昌卫星发射中心发射了巴基斯坦首颗通信卫星“PakSat-1R”。巴基斯坦已向国际电联申请了两个地球同步轨道位置，作为其计划的巴基斯坦国内通信卫星的地球同步轨道位置。巴基斯坦遥感卫星项目方面，2016年4月，中国与巴基斯坦签订了巴基斯坦遥感双星合同，中方提供其中一颗卫星的整星出口，并针对巴方自研的试验卫星，提供总装和测试培训服务，卫星于2018年完成发射，由长二丙火箭承担该项目的发射任务。此项目是2018年中巴经济合作走廊建成后首个投入使用的大型项目，此合同的签署是中巴两国继巴基斯坦通信卫星1R项目后又一重大合作里程碑。巴遥项目获取的空间信息将广泛应用于巴基斯坦的农业、国土、城市建设、环境保护、防灾减灾、基础设施规划等众多领域，为巴基斯坦经济可持续发展和社会进步提供助力。后续规划中，陆续完成发射PRSS-01光学遥感卫星、通信MM-1卫星和Paknav-1导航卫星。

在航天技术领域合作方面与中国也有较多合作。自1999年开始，SUPARCO陆续与中国卫星发射测控中心签署中国空间追踪测控站建设协议，与北京航空航天大学签署关于发展教育合作、实现互利共赢的谅解备忘录，在人力资源发展合作方面达成共识；与西安卫星控制中心签订了技术合作合同等。2003年，与中国国家航天局/哈工大签订空间科学、空间技术及其和平应用合作协议；同时作为中巴航天技术合作的重要领域之一的遥感卫星应用领域，与中科院遥感应用研究所和中国长城工业集团合作开展了作物性能规格观测和作物遥感监测系统项目；与中国卫星导航系统管理办公室签订了基于共同利益从战略和长远角度共同促进北斗/GNSS系统在巴应用的卫星导航领域合作协议等。

可见，巴基斯坦意识到卫星可以在其国家的经济发展和社会进步方面发挥独特和不可替代的作用。另一方面，卫星这类典型的航天技术应用国家的发展也有非常大的潜力，是国家基础设施非常重要的组成部分。巴基斯坦航天发展现状如表6-3。

表6-3　巴基斯坦航天发展现状

项目	内　容
发展战略	视国际合作为重要的发展手段，借助空间技术的推广和巴宇航计划的发展推动国家经济的发展
政策支持	中长期战略：巴基斯坦卫星发展计划，包含通信卫星、遥感卫星、地面站和设施建设，至2028年完成以遥感卫星PRSS-01、通信卫星MM-1等为代表的10余颗卫星的研制和发射

续表

项目	内 容
组织管理	巴基斯坦空间和外大气层研究委员会（SUPARCO）：巴航天项目主管机构； 巴基斯坦战略规划局（SPD）：领导SUPARCO、巴基斯坦原子能委员会（PAEC）、国家工程和技术委员会（NESCOM）等多家战略机构，类似于中国的国防科技工业局
航天系统	卫星：截至目前没有自主研制卫星的能力，均通过商业采购并发射； 地面站：一座位于拉合尔，负责“PakSat-1R”及后续发射卫星的控制工作，另一座备份地面站位于卡拉奇
航天技术与应用产业	市场发展潜力大，待开发
合作态度	积极

6.4.2 合作可能性及目的分析

以巴基斯坦为代表的此类国家开展航天合作主要有两方面目的，一是分享航天科技成果，提升本国科技发展水平。二是促进本国经济发展。由于此类国家在航天领域的经济投入和航天实力有限，很难自主在航天领域取得成果。通过开展国际合作，可直接享受航天科技成果带来的利益；另一方面可为发展本国经济获得技术和资金支持，获得航天系统的应用资源和相关技术，在推动航天应用产业发展的同时，推动本国经济发展。

6.5 期待参与航天发展的企盼者（航天技术应用国家）——以土库曼斯坦为例

6.5.1 航天发展现状

中亚国家土库曼斯坦第一颗通信卫星Turkmensat于2014年11月发射成功，这是土库曼斯坦发射的第一颗人造地球卫星，在此之前土库曼斯坦的卫星通信能力皆租用自俄罗斯卫星网络，因此此颗卫星的发射将为土国提供独立安全的电话、电视及互联网服务通信网络。除此之外，在加快发展通信和互联移动业务，增强矿藏地质勘探能力、实施生态领域项目、加强对农业用地的监控方面也有着重要作用。

这颗卫星是由法国泰雷兹阿莱尼亚宇航公司（TASF）为土库曼斯坦设计制

造，由SpaceX的猎鹰9号发射成功，TASF还会为土库曼斯坦建造两座卫星地面控制站。目前根据土库曼斯坦通信部与摩纳哥卫星运营商国际空间系统公司（SSI）签署的协议，在摩纳哥注册的52°E轨位上运行，为土库曼斯坦及中亚地区提供通信和广播电视业务。土库曼斯坦航天发展现状见表6–4。

表6–4　土库曼斯坦航天发展现状

发展战略	视国际合作为重要的发展手段，借助空间技术的推广和巴宇航计划的发展推动国家经济的发展
政策支持	中长期战略：无
组织管理	国家宇航署：总统直属，协调卫星通信、从事宇宙空间研究、组织管理从土库曼斯坦领土上发射人造卫星等事宜
航天系统	卫星：截至目前没有自主研制卫星的能力，均通过商业采购并发射
航天技术与应用产业	市场空白，待开发；相关法规、政策不完善，体系不健全，卫星建造及应用的相关教育培训相对欠缺
合作态度	受经济实力所限，“心”大于“力”

6.5.2　合作可能性及目的分析

以土库曼斯坦为代表的此类国家开展航天合作主要是为了分享航天科技成果、促进本国经济发展。由于此类国家受限于国家整体经济和科技发展水平，基础较为薄弱，很难自主在航天领域取得成果。通过开展国际合作，可为发展本国经济获得技术和资金支持，获得航天系统的应用资源和相关技术，在推动航天应用产业发展的同时，推动本国经济发展。

6.6　小结

“一带一路”发展战略为沿线国家开展多边航天合作指出了新方向、开辟了新领域，随着航天在维护国家安全、资源开发、促进经济发展和科技进步方面的作用日趋显著，越来越多的国家已经非常重视或开始重视航天这项基础能力的建设，但“一带一路”沿线国家的航天科技发展水平参差不齐，对航天发展的诉求也不尽相同，有部分国家虽然航天实力水平较强但不考虑航天商业化（如以色列等国）。因此航天开展国际化，不同的国家有不同的经营、合作模式。面对航天国际合作模式呈现出“从竞争走向合作、从双边走向多边”的趋势，本章以“一带一路”沿线国家在商业航天层面的合作为研究对象，以各国的航天实力和对航天的不同需求为出发点，对中国航天企业的国际化经营模式进行了分类探讨。

总结下来大致分为三类：一是以政府为主导，加强国际政府间互利合作，支持现有的航天基础设施面向社会服务；二是政府和市场主体一起发展，允许民间资本进入航天产业，降低新技术研制成本和失败风险，如政府制造发射卫星、企业运营，政府采购数据模式；三是纯民营投入。这三种模式的共同目的都是为了实现航天产业链的整合布局，实现航天产业的技术与资本、国内与国外、天上与地下的融合发展，共同建设航天强国。

7 商业遥感卫星发展途径研究

7.1 发展历程

7.1.1 美国商业遥感发展历程

美国是商业遥感卫星发展较早的国家，遥感政策比较完备。美国的遥感政策始终根据形势发展而不断调整，推动了商业遥感卫星的发展，美国国家商业遥感政策的演变与发展历程大致分为初期发展、中期发展和现期发展三个阶段。

7.1.1.1 陆地卫星商业化初试——市场未成熟，导致商业化运作失败

1972年，美国Landsat-1卫星发射成功，该卫星作为冷战工具，被美国用来影响与同盟国和不结盟国家之间的外交政策。美国制定了遥感数据“无歧视性访问”政策，即所有数据对任何需要者都是开放的，同时该使用者必须将数据对其他使用者无歧视性开放，以此鼓励这些国家使用美国的遥感卫星影像。Landsat卫星计划实施初期，其数据是用来作为一种最廉价的手段、以最低的费用提供给广大普通用户，也就意味着政府要对其不足部分给予补贴。但这也受到一些问题的影响，如公众或私人的相关投资，军事和民用有限权的分离，与其他国家的竞争与合作以及不确定的政府补贴费用等。在这一阶段，虽然卫星遥感数据在许多领域显现出具有较大应用潜力，但缺乏明确的陆地遥感政策。

20世纪70年代中期，管理和预算办公室认为Landsat系统的运行费用可以图像销售收回，从而使得图像价格不得不提高，这导致图像销售数量的急剧下降。1983年，NOAA全面接管了Landsat的运营权，为弥补卫星的运营费用，NOAA再次提高了卫星数据的价格，导致销售数量的再次下滑。

1984 年， 里根政府颁布了第一个联邦遥感条例——《陆地遥感商业法案》

（Public Law 98–365），希望通过立法尽快实现Landsat卫星的私有化，该法案规定了Landsat 系统由政府和私人共同运营，政府尽可能减少对系统的投资，政府对遥感数据分发尤其是民用实行严格管制等。1984年7月，由RCA和休斯公司联合组建的地球观测卫星（EOSAT）公司接管了Landsat卫星的管理权，并签定了Landsat卫星商业化和私有化的10年合同，计划在10年内全面实现私有化，停止政府补贴。

但是Landsat 数据的商业化并没有按照预想中的那样进行。由于当时市场不成熟，具有不确定性，对卫星商业化的期望过高和过快影响了政府对Landsat卫星计划发展的支持，同时也损害了Landsat卫星自身的发展，加上国外类似卫星系统（如SPOT卫星）的竞争力增强，以及Landsat系统开支过大，20世纪90年代初，迫于强大的压力使得Landsat卫星重回政府的操控。

7.1.1.2　1992年起陆续颁布遥感政策——促进卫星遥感商业化发展

20世纪90年代早期，美国国会在权衡了商业和竞争对国家安全利益的利害关系后，于1992年通过了《陆地遥感政策法案》。该法案规定了允许给私人运行卫星遥感系统颁发运营执照，这为美国公司获取商业遥感卫星的许可证打开了大门。

为了适应新的国际形势，也为了使美国企业界能抓住良机适时地参与有利可图的高分辨率市场的竞争，克林顿政府于1994年3月10日颁布了总统决议指令第23号（PDD–23）——《美国以外国家介入空间遥感能力的政策》，允许私营企业经营图像分辨率不优于1m 的遥感卫星，并有条件地开放向国外提供卫星服务和出售卫星图像。

1994年3月10日，美国政府还同时颁布了新的《陆地卫星遥感战略》。其主要目标是1992 年法案的延续，同时明确了各政府部门在陆地卫星发展中的地位和职责。

2003 年5月13日，美国公布了《美国商业遥感政策》，以取代1994年克林顿总统发布的《美国以外国家介入空间遥感能力的政策》。新的遥感政策批准0.25m分辨率遥感卫星的研制，允许商业图像公司正式与政府签订合同，并且允许他们出口包括雷达测绘和其他种类遥感器在内的遥感卫星系统。新一代的高分辨率商业遥感卫星在这一政策的允许和支持下面世，分辨率为0.61m的Quickbird卫星即是典型代表。

7.1.1.3 在相关政策法规的支持下，美国商业遥感市场蓬勃发展

1992 年美国政府颁发的高分辨率商业成像许可证，提出政府“优先采购商业数据”的数据政策，推动了商业对地观测市场的发展，同时美国政府也成为美国本土商业运营商（数字地球公司和地球之眼公司）卫星数据的固定客户，也成为全球最大的商业数据用户，甚至军队在几场局部战争中也开始大量使用商业遥感影像。

2003年4月23日，白宫公布了新的美国商业遥感政策（也被称作NSPD-27）。这项政策明确了五个目标：

（1）最大限度地依靠使用美国商业遥感技术能力来满足国家安全和民用机构对图像和静止轨道空间的需求；

（2）关注于美国政府遥感空间系统的集中需求——商业提供商难以有效、可靠地满足这些需求，无法负担得起。

（3）在美国政府和美国商业遥感空间行业之间发展一种长期、可持续的合作关系。

（4）为批准运营和出口商业遥感空间系统提供及时的、交互式的环境。

（5）在保证采取适当措施保护国家安全和对外政策的同时，使美国行业能够以外国政府和外国商业用户遥感技术提供商的身份成功地实现行业竞争。

2010年发布的《国家航天政策》更是明确提出，美国政府将依赖商业航天产业，“当商业航天能力和服务可以通过市场渠道获得并能满足美国政府的需求时，将最大程度地购买和利用商业航天能力”。另外，美国航天政策要求对商业航天活动实行尽可能小的政策限制，及时快速地进行许可审批。

在国家政策的大力支持下，美国高分辨率商业遥感卫星发展态势迅猛，分辨率不断突破现有水平，美国2008年发射的GeoEye-1商业遥感卫星的光学分辨率已达0.41m，下一代GeoEye-2卫星分辨率甚至向军事侦察卫星逼近，能提供许多业务型卫星无法实现的情报，并具有一定的军事应用能力。

美国遥感政策和法规显著地促进了国家对商业遥感数据的依赖，并更多地购买和利用商业遥感能力和服务。如果这种能力和服务具有可利用的一定规模的市场，就可能最大程度地满足美国政府的要求。

7.1.2 其他国家商业遥感发展历程

7.1.2.1 欧洲

欧洲推行开放的数据政策。特别是在合成孔径雷达（SAR）卫星方面。在近20年的时间里，欧洲航天局（ESA）雷达卫星数据一直近于免费地为全世界的研究人员使用，这种开放的数据政策极大推进了雷达卫星技术的发展，也奠定了欧洲的领先地位。此外，与美国相比，欧洲发展遥感卫星最大的特点是国际合作。

ESA于1994年发布的《ERS数据政策》、1998年发布的《ENVISAT数据政策》都明确了无歧视性访问原则，并采用“分工协作、合作开发、交换数据”的发展策略运营欧洲的高分辨率遥感卫星系统。2010年，ESA修订ERS，ENVISAT卫星及其他对地观测任务数据政策，以利于科学研究、公共事业及商业数据的利用。新版数据政策将遥感数据的使用分为自由使用和有限使用两类，两类数据均可免费获取。“欧洲全球环境与安全监测”（GMES）计划中“哨兵”卫星的数据政策都以数据应用最大化为基本原则，实行免费公开获取的数据政策。2011年，欧盟委员会发布题为《造福欧洲公民的航天战略》的新版航天政策，继续推行实施共享地球观测数据的机制。

7.1.2.2 印度

自1988年印度发射了第一代遥感卫星IRS-1A以来，印度已发展了三代地球遥感卫星。其政策同美国类似，服务于本国遥感系统的商业化，都采取一定形式下的无歧视性访问政策，有效地带动了国内遥感数据市场的发展。印度国内大量政府和非政府用户也都在利用来自印度本国和他国的遥感卫星数据，发展各种各样的应用项目，卫星遥感数据使用的国产率很高，极大地促进了本国遥感卫星的发展。

印度政府认为，一方面遥感数据能为经济社会发展提供大量重要和关键的信息，促进经济社会发展；另一方面，遥感数据涉及国家安全，是重要的信息资源。为此，印度政府决定要对这些卫星遥感数据的获取和分发加强管理，以更好地满足实际发展的需要，从而推出了新版遥感数据政策即《2011年遥感数据政策》（RSDP-2011），放宽了对遥感数据分发的部分限制。该政策规定：

（1）印度政府航天部（DOS）是执行该政策下所有活动的主管部门。

（2）在印度运营遥感卫星必须通过主管部门取得政府的许可。

（3）在印度国内获取、分发遥感数据必须通过主管部门取得政府的许可。

（4）对于获取、分发“印度遥感卫星”数据用于印度以外国家，印度政府将通过主管部门按专门规程，对这些国家欲获取、分发“印度遥感卫星”数据的实体机构进行许可审批。

（5）遥感数据指导方针：所有不优于1m分辨率的数据均应“按需”不加限制地分发；为保护国家安全利益，所有优于1m分辨率的数据均应经过特定机构审查和消密处理后方可分发。

除去分辨率指标上的限制以外，该政策并未对数据分发的时限做出规定。

7.1.2.3 加拿大

在遥感卫星商业化大背景下，加拿大重视航天市场蕴含的巨大价值，在保证国家安全的前提下，积极鼓励私营部门参与航天经济开发，通过航天经济开发带来的收益进一步推动航天项目的开发，实现航天领域的市场化运作。2007年加拿大颁布了《遥感空间系统法》，该法是最新的一部关于空间遥感活动的国内立法，反映出现代遥感活动私营化和商业化的趋势。《遥感空间系统法》的实施，进一步推进了遥感数据市场的商业化运作，表明加拿大也非常重视航天市场的巨大潜在价值，鼓励私营部门积极参与航天经济开发，希望通过航天带来的收益进一步推动航天项目的开发，实现航天领域的市场化运作。

7.2 运行机制

7.2.1 传统商业遥感运行机制

7.2.1.1 卫星制造商与卫星运营商相互独立

地眼公司运营的GeoEye-1卫星，其平台由通用动力公司研制，相机由ITT工业公司研制，加拿大MDA公司研制地面段，IBM公司负责商务系统和系统集成。数字地球公司运营的WorldView-1、2、3三颗卫星选择鲍尔宇航技术公司作为系列卫星的总承包商，负责提供卫星平台及有效载荷和卫星的总装集成；ITT公司负责相机焦平面单元和数字处理单元的设计和研制。

7.2.1.2 主要依靠销售遥感图像和私募股权两种方式筹集资金，政府订单是公司主要收入来源，对研发计划提供了重要保障

数字地球公司和地眼公司主要依靠销售遥感图片以及私募股权两种方式筹集资金。卫星图像主要卖给了军方、环境减灾部门和地球科学部门。该公司的主要用户是负责为军事和情报用户分发和分析卫星图像的美国国家地理空间情报局（NGA）。数字地球公司也积极寻求扩大其同非美国政府用户的业务，包括私营公司和外国政府。

私募股权是另外一种筹集资金的方式，如GeoEye-1、WorldView-2都顺利通过私募股权筹集资金完成研制发射。

7.2.1.3 依靠与下游产业的良好协作关系推动公司的发展

在确保自身产品质量的同时，数字地球公司和地眼公司对于和遥感产业链中下游企业的相互协作也十分重视。一方面确保遥感图像产品与遥感软件的兼容；另一方面则加强与遥感应用、在线图像企业的合作，满足了遥感卫星数据多样化的市场需求。

7.2.1.4 提供多种数据分发运营模式，充分利用用户的数据接收与处理设施，减少公司自身的投资

在数据分发运营模式上，地眼和数字地球公司都提供标准产品、增值产品及相关服务并支持数据的直接服务。在用户拥有卫星数据接收与处理设施的前提下，按照事先定义的范围，将不同处理等级的图像直接提供给用户的服务，这种运营模式大大减少了两个公司在地面接收设施方面的投资，也增加了卫星数据销售的广度。

7.2.1.5 通过全球分销商的资源拓展市场

数字地球公司主要通过美国国内的3个地面接收站，统一进行图像处理和归档，再通过分销商向美国国外分发图像，限制分销商的数量，在特定地区指定一家分销商，为用户提供更好的服务。而地眼公司则实行全球建立接收站、区域代理分发的模式，一方面减少了自身在数据接收方面的投资，另一方面也可以更加灵活地应对国际市场的需求变化。

7.2.2 新兴商业遥感运行机制

这些新兴的小卫星公司借助风险投资起步，通过创新技术构建低成本、强健的航天系统，或是利用商业现货技术和产品，通过创新的方式集成低成本、高性能的航天系统。区别于传统商业遥感公司运营商的角色，这些初创公司全程参与商业遥感卫星的设计、研制以及影像与服务的销售工作。

7.2.2.1 服务模式

（1）从按需订购、等待交付向实现快速访问转变：传统商业遥感成像公司一般遵循用户提出需求、公司按照需求控制卫星对目标区域成像并最终向用户提供卫星图像的服务模式，客户从提出请求到获得所需图像需要经历较长时间。新兴卫星遥感企业将改变按需提供的服务模式，通过大规模微小卫星组网实现对地球持续监视，全面掌握整个地球信息，通过基于网络的访问模式，为全球用户提供涵盖对地观测与图像数据的免费在线浏览和商业定制服务，大幅提高卫星相关信息服务交付能力以及向用户推送相关服务产品的能力。

（2）以移动终端或互联网为平台构建全球数据接收分发网：天空盒子成像公司致力于建立融合天基、航空等各类图像数据的开放式云服务平台，实现海量数据持续更新，提供网络化服务。该公司研制了可快速部署的“天空节点”（SkyNode）终端，用户无须建设地面站，只需要一部“天空节点”和2.4m直径的卫星天线，就可直接下达成像指令和下载卫星数据，最快20min即可完成图像处理；将采用开源框架，为地理空间应用提供分布式的大规模数据处理；设计了软件套件，能使用户在一个用户友好的网页平台上高效地按日程收集图像、向卫星指派任务、下载图像和处理图像产品；正在全球部署更多的地面站用于接收卫星数据。

7.2.2.2 投资模式

引入风险投资公司和互联网巨头的投资，为其注入资金活力：越来越多的风险投资公司开始对孕育改变全球人类生活方式的创新型航天技术高度关注，对新兴卫星遥感公司提供资金支持。由于新兴遥感公司提供的独特的卫星视频且在全球互联网接入、数字地图和云服务等方面应用潜力巨大，其发展很快引起了互联网巨头公司的青睐。

7.2.2.3 研制模式

（1）秉承尽量采用先进商业现货技术的低成本理念：在降低成本、缩短研制时间的同时，保持卫星的技术先进；

（2）借助成熟生产力提高生产效率：新兴卫星遥感公司主要利用技术准入门槛较低的微小遥感卫星系统提供卫星数据及其分析服务，往往兼具设计研制商、运营商和服务提供商等多种角色于一体。另外，积极与传统卫星研制商合作，希望借助其高效生产率进一步降低成本和提高研制速度。

7.3 服务模式

7.3.1 传统遥感卫星及其应用市场——优质数据

在2013年的并购后，美国只剩下唯一一家专门从事卫星遥感图像商业化的龙头级公司——DigitalGlobe公司，而这也是全球最大的遥感卫星图像商业公司，占据全球40%市场份额，它拥有全球最高空间分辨率的商业遥感卫星，WorldView-3、WorldView-4卫星空间分辨率已经达到0.31m。其星座每个月可以扫描地球60%的地方，极大增强了商业遥感服务能力。

7.3.2 新兴遥感卫星及其应用市场——“答案”提供商

Planet公司成功收购Terra Bella、BlackBridge公司后，拥有的在轨卫星数量超过300颗，每天可采集3亿平方千米的图像数据，成为新兴遥感小卫星公司的代表，这些公司不再把自己看成是卫星公司，其市场不再是传统的遥感信息服务，而是专注于挖掘海量遥感图像中隐藏的信息，将图像的价值进一步激活，为人们的日常决策增加一个全新的、有益的维度。

对冲基金公司可以查阅开学季沃尔玛超市停车场的流量，农民可以监测庄稼的健康程度并预估最佳的收获时机，社会活动人士可以跟踪亚马孙流域的森林采伐情况以及叙利亚难民营建设情况。

而其他数据分析公司，如Orbital Insight追求的是“观察真相”，其算法可以搜索汽车、大楼、树木、油罐、太阳能电池板、轨道交通工具、船只和飞机等物体。可以调取一座上海港口的图像，然后将其解析，可以标出几个月内新出现的建筑，算出某个油罐中有多少油；SpaceKnow公司通过简单的Web服务提供“答案”信息。俄罗斯在2014年接管克里米亚后采取哪些措施，SpaceKnow的图片信息会一步一步告诉用户，俄罗斯部队疏浚了黑海的部分地区，修建了桥梁和道路，准备迎接更多的部队和坦克。

7.3.3 以“云”为代表的配套基础设施大力推动遥感市场的发展

随着在轨卫星的增多、在轨数据的积累，遥感数据的存储、检索、提取成为遥感卫星运营商的巨大负担。以DigitalGlobe为例，自2001年发射第一颗卫星QuickBird以来，DigitalGlobe公司截至2017年共收集了70多亿平方千米的图像，这些图像存档已经使用了高达100PB的存储空间，并且还在以每年10PB的速度增加（WorldView-3卫星收集的一张图片可能就达到30GB）。维护这100PB图像存档库的费用十分昂贵，因此DigitalGlobe从很久以前就十分重视磁带库的管理，该公司的主磁带库拥有12000个磁带托架，可以防止60台LTO-5磁带设备，并保证磁带始终处于运转状态。这种以磁带为中心的模式在10年间运行良好，DigitalGlobe可以在4小时内调取档案中的任意图像并交付客户；仅2016年一年，就完成了400万次的调取。

在此背景下，以亚马孙、阿里等传统互联网企业为代表的“云”基础设施服务商，瞄准遥感卫星影像这个天然的“大数据”市场，同传统遥感卫星运营商结合，促使遥感在线智能处理和深度应用的一体化发展，不仅有利于遥感卫星运营商数据平台完善、数据分发及使用的便利性，促使其数据运营成本的降低，更有利于其深入地挖掘遥感图像的价值，提供更快捷的服务。

（1）亚马孙云服务平台AWS助力DigitalGlobe从磁带库向“云”端迁移

DigitalGlobe于2017年宣布，已经将公司全部地球影像数据通过亚马孙的AWS Snowmobile移交给AWS，完成从磁带库向“云”端的迁移。DigitalGlobe公司不仅可以优化数据生命周期管理，更好地进行数据成本管理，还能使DigitalGlobe公司更专注于GBDX平台上相关算法的开发，催生图像数据产生价值。

（2）阿里云不仅布局时空数据库的建设，还推出私有云服务

相较于含光800的“横空出世”，阿里围绕数据库进行的时空数据处理能力建设，此前就已经有了端倪。其中，比较重磅的是Hbase Ganos的2.5版本。可用于

空间、时空、遥感大数据的存储、查询、分析与数据挖掘，同时给出了航空航天遥感、互联网出行、车联网等典型应用场景。而阿里云智能数据库可视为“私有云”，可以部署在用户自由数据中心，软硬件一体化，整机柜交付。

此外，这些云计算服务商还在不同层面布局空间信息产业，推动遥感应用的深入，促使空间信息的扩大。

（3）亚马孙进军地面站系统，同AWS云无缝对接，节省卫星运营商成本，帮助其更经济高效地提供服务

卫星数据在各个领域都有广泛的应用，但一整套系统却很复杂，而且建造和运营所需的基础设施也很昂贵。2018年11月28日亚马孙的AWS发布了AWS Ground Station（卫星地面接收站），这项云服务可以让客户借助全球12个地面站蝶形天线下载卫星图像数据，并上传至云存储中。

（4）阿里和华为通过遥感+AI，形成“平台—数据增值—业务”落地的闭环，让数据增值，驱动业务价值提升

遥感AI：2019年9月中旬，阿里云的遥感影像分析产品也上线运行。该产品依托于阿里巴巴在深度学习、计算机视觉方向上的技术积累，采用基于深度学习的多尺度融合检测技术。

数字星球引擎：卫星遥感数据和增值服务解决方案，构建遥感产业生态。阿里云这次的解决方案包括三个方面：一是在线遥感数据服务。阿里联合思维、长光、超图和DigitalGlobe，基于阿里公有云的能力，构建在线的数据平台，使卫星遥感数据可以按照标准进行存储、管理，以及高效的像素级调用和计算，进而提升整体数据获取的便利性，降低数据使用成本。二是数据的智能化增值。阿里将达摩院过去两年积累的算法能力部署在平台上，提高影像判读的准确率、召回率和泛化能力，同时将来也计划在平台上部署更多的第三方优秀算法。三是生态化的应用服务。阿里希望通过在线的方式，让引擎的数据服务能力嵌入合作方的解决方案应用中，形成“平台—数据增值—业务”落地的闭环，让数据增值，驱动业务价值提升。

2019年9月18日中国四维测绘与华为联合发布的“四维地球”时空信息智能服务平台，向大众提供遥感影像浏览服务，也面向各行业的用户提供遥感在线处理服务。除通用遥感产品外，还提供智能信息产品服务和应用开发服务两大模块。

由此可见，随着智能化的“云”平台基础设施的引入，不仅降低了遥感卫星运营商硬件维护成本，还促使遥感图像数据利用率的提高，促使其价值的增长，推动遥感市场的发展。

7.4 市场分析

商业遥感卫星应用涉及十分广泛的用户类型，应用领域主要包括国防安全、能源、自然资源管理、海事、灾害应急管理、工程与基础设施建设，以及基于位置的服务（LBS）等。不同的用户、不同的行业和应用领域需要不同的遥感服务，表现在空间分辨率、光谱分辨率、重访周期以及数据时效性（存档或新采集的数据）等方面。

7.4.1 国防和安全是商业数据销售的主要驱动因素

国防应用是商业遥感数据市场的最大用户。在过去10年国防部门对商业数据市场的需求持续增长。国防对卫星数据的应用特点是重访能力强，能够及时获取（尽可能接近实时）高分辨率、高定位精度的光学及雷达影像，数据直接从接收站接收，保障数据使用安全性和保密性。

国家利益放在首位。各国允许获取不涉及国家安全的遥感影像。国外商业卫星遥感系统建设的出发点是保证用户可以无歧视性地使用数据，且对数据实行尽可能的开放政策。但是，为了维护国家安全和利益，各国逐步加强了对高分辨率遥感影像访问的控制。如美国政府规定，美国商业卫星影像公司在提供卫星数据时必须有时间延迟，也就是说，公司不能向客户提供实时的卫星图像，具体的延迟时间是至少24小时。印度政府规定，为保护国家安全利益起见，所有分辨率优于1m的数据需要经过相应机构筛查和审查后分发。

以美国为例，其商业遥感政策主要围绕其对地观测卫星体系而设计。1984年颁布的《陆地遥感商业化法案》试图推进“陆地卫星”商业化发展，后来由于SPOT卫星商业化发展进展迅速，并且随着技术的进步，商业对地观测卫星的高分辨率模糊了传统军民对地观测卫星的界限，因此，为了在国防安全和经济利益之间寻找平衡，提高美国商业遥感卫星的全球竞争力，美国陆续发布了1992年版

《陆地遥感政策法案》、2003年版《美国商业遥感政策》、2006年版《私营陆地遥感空间系统授权许可》等政策，一方面全力推进商业对地观测卫星的发展和数据应用，另一方面在涉及国家安全的方面施加限制性或审核性措施。

7.4.2 虚拟地球改善了对地观测解决方案的获取，启动了基于位置的应用市场

虚拟地球（Google Earth、Microsoft Live Earth等）为商业遥感卫星公司打开了巨大的市场机遇，潜在地驱动了数据销售和数据服务市场。为了更多地获得对地观测服务，各国商业遥感公司均强调个人和团体用户使用和应用对地观测数据，特别是需要地理信息的行业，如基于位置服务、房地产、旅游、保险等。

近年来，国外高分辨率对地观测领域呈现出一些新的发展特点，并随着一系列创新型高分辨率对地观测系统的逐步部署和完善而愈发明显，包括与大数据、云计算等IT技术紧密结合、采用风险投资作为发展手段、天基对地观测数据逐渐由图像向视频过渡等。在未来，这些创新系统将改变商业对地观测数据应用、销售和分发模式，推动天基能力从“侦察”向“监视”过渡，驱动天基对地观测领域发生重大变革。

除了传统的应用之外，对地观测数据在LBS中可以提供不同寻常的影像效用。虽然这个市场的商业模型主要是企业对企业的营销模式，比如数据供应商提供影像给服务商，再由服务商针对内部不同系统的应用进行深度的打包和集成，但这是个更加以消费者为导向的市场。以2011年为例，对商业数据领域市场价值的估计是相对较小的，但其增长的趋势正在突显。这个趋势与更广义的LBS产业是一致的，据预测，2016年整个LBS产业收益预期会达到100亿美元，其中搜索引擎广告收益会占到其中的一半。基于位置的服务主要集中在光学高分辨率数据，数据及时性要求不高，主要为存档数据。

7.4.3 其他行业对商业遥感的需求日益增长

7.4.3.1 能源行业

遥感数据在能源行业的应用往往集中在偏远的、人类较难从事工程作业的地区。这些地区通常缺少基础信息（地图、地质图），如北极地区（俄罗斯、加拿

大和阿拉斯加）、深水钻井区（墨西哥湾、海鄂霍次克海/ 白令海）。此外，基础信息采集欠发达的亚非地区也是该行业的主要应用区域。能源业的数据应用特点是高分辨率、高定位精度的光学及雷达影像，数据时效性要求不高，但数据增值服务是重点。

7.4.3.2 基础设施

基础设施与工程行业的应用涵盖制图学、城市发展、房地产、交通规划以及相关的工程建设项目。随着各个国家在加强基础设施建设的过程中，对地形图或解决方案的需求增加，对地观测技术在该行业的应用也日益突出。这在那些经济高速增长并希望改善基础设施的国家中体现得尤为明显。对地观测数据在整个行业中的应用是多种多样的，但主要还是利用中高分辨率数据对目标进行识别监测。基础设施工程的数据应用特点是高分辨率（优于0.5m）、高定位精度的光学影像数据时效性要求不高，数字高程模型（DEM）是一个被广泛应用的数据。

7.4.3.3 灾害管理

灾害周期的各个阶段（风险评估、灾害预警、应急响应、灾后重建）都需要遥感卫星数据及服务。灾害发生的前后，需要快速响应获取灾害发生地区的数据，并及时交付用于灾害发展状况持续监测。但是当灾害发生时，数据通常是免费提供的，向政府和救灾国际组织提供公益服务。在重大事件发生后，商业公司免费提供用于支持灾后救援的数据，或者名义上收取一定处理费用。监测受灾区域并对其进行损失评估、后勤工作支持和热点区域识别，是服务的热点。首选解决方案是高分辨率光学数据的迅速交付。然而，例如洪水这种灾害事件和大量云量覆盖联系在一起时，光学数据不能满足所有的需求。在这种情况下，合成孔径雷达（SAR）数据就会扮演重要的角色。灾害管理的数据应用特点是各类数据的快速持续获取，数据综合整合的增值服务是重点。

7.4.3.4 海洋业务

在SAR 影像上，船只、海冰、油膜与周围海面的纹理明显不同，容易识别，所以SAR 数据非常适用于海事方面。在海洋方面，遥感卫星数据主要用来进行船只监测、路线选择（包括路线制图、后勤保障，海冰探测）和非法活动（如污水倾泄、非法闯入、非法交易等）监测及报告。随着数据供应的增加，业务逐渐形成了一种可持续的服务模式，有成熟的客户基础，可以为军事和民用、政府及私人企业提供有价值的服务。这也是SAR 数据除了国防以外的第一块市场领域。

海洋业务数据的应用特点是SAR 数据，实时与存档数据都有应用。

7.4.3.5 自然资源管理

自然资源管理涉及资源开发、监测、土地利用和海洋资源利用、农业、林业、水资源和水产养殖业。监测地区资源的可持续利用是一个非常重要的因素，特别是那些资源逐渐减少和高污染的地区。遥感数据的应用领域非常广泛，但在许多情况下，低价的中分辨率、甚至免费的数据都能够满足需求。例如，大范围农业制图、地表覆盖制图等。但是，部分应用要求卫星有更快的重访周期和更宽的幅宽。这些具有更快重访周期和更宽幅宽的系统通常更多地用于精准农业应用。

自然资源管理的数据应用特点是中低分辨率、宽覆盖高重访的卫星数据。

8 卫星通信服务盈利模式研究

8.1 发展历程

卫星通信产业是航天产业中商业化程度最高、竞争最为激烈的领域，对航天技术和航天市场的发展具有重要的推动作用。

8.1.1 第1阶段：由政府主宰的传统市场

2004年，卫星产业协会（SIA）发布一篇研究报告，称美国在2003年入侵伊拉克期间，美国军方所使用的卫星通信容量中有80%来自商业卫星通信。2009年年底，在美国总统国家安全通信顾问委员会（NSTAC）的商业通信卫星任务保障报告中提到，美国军方全球卫星通信容量中，有85%都是由商业卫星通信系统提供的，而且在阿富汗和伊拉克战争中，几乎所有无人机的通信传输都是由商业通信卫星来完成的。2010年2月9日，美国总务管理局（GSA）和美国国防信息系统局（DISA）联合发布了未来商业卫星通信服务采购计划（FCSA），该计划为期10年，总价值达到了50亿美元，引起了业界广泛的关注。政府业务占到SES总公司收入的12%～13%。

利用商业通信卫星提供军事通信服务，一方面推动了商业制造和服务市场的发展，刺激了卫星通信服务产业的健康发展，拓展了商业卫星通信服务运营公司的生存和发展，保证了良好的产业基础；另一方面解决了军用通信难以集中提供大容量通信服务的困难，快速、有保障地提供关键的卫星通信服务，从而保障现代化军事作战的基础信息服务。

截至2013年2月，全球在轨通信卫星达到604颗，专用军事通信卫星仅有82颗，部署在GEO、LEO和HEO等多种轨道，覆盖全球。通信频段覆盖UHF、SHF和

EHF频段，支持窄带(移动)、宽带和防护等各种军事通信应用。其中，美国拥有36颗在轨卫星，占全球在轨军事通信卫星总数的40%以上。

即使是军用通信卫星编队非常庞大的美国，也无法完全依靠军事通信卫星系统来满足需求。过去10年内美国军方对卫星容量的需求急剧增长，大部分用于支持非对称战争条件下的网络中心战。现代战争越来越多地要求使用UAV等情报平台，需要占用大量商用卫星带宽；战术通信和战场信息广播也对卫星通信产生较大需求。2003—2007年，美国国防部平均每年租用商业通信卫星容量的费用接近3亿美元，消耗带宽近5GHz。而2008年，这一支出达到了5亿美元，消耗带宽7.5GHz，涨势明显。

欧洲各国多年来都依赖本国军事通信卫星，随着新专用军事通信卫星的发射，2012年可用带宽总量达到3.3GHz。但是，随着欧洲国家越来越多地参与北约的军事行动，其海外作战及新型大带宽需求应用将需要更大的容量来支持。自2008年起，欧洲也开始越来越多地采购商用容量，特别是没有本国专用军事通信卫星的国家，例如葡萄牙、丹麦、荷兰以及比利时等，纷纷租用了商业卫星通信容量，各国支出在50万～100万美元。

其他国家有可能由于地理特征等原因在本国领土范围内有一定的卫星通信需求，而且已经拥有了专用军事通信卫星或军民两用通信卫星，并且能够满足国内基本需求。但是随着国家经济的发展和政治力量的延伸，有可能产生海外卫星通信的需求，例如日本和韩国等国家。

据不完全统计，2004—2010年，全球军事用户租用的商业转发器数量经历了快速增长。2004年，军事用户使用的转发器数量仅为84台，至2009年这一数字增长到214台，2010年总使用量达到了250台。以标准等效转发器计算，累积总带宽达到了9000MHz；以美国DSCS-3卫星计算，还需要18颗卫星才能满足需求，这相当于再部署两组现有卫星编队才能基本满足需求。即使军方决定在这个方面进行投资，那么卫星研制的成本、进度等问题都难以解决。巨大的军事卫星通信需求迫使各国军方开始寻求商业途径，而事实证明这一方法能够取得明显的效果。

8.1.2 第 2 阶段：高通量卫星等技术的进步引发市场变革

2011年10月19日发射的由劳拉空间系统公司研制的卫讯-1（Viasat-1）卫星

是近5年高吞吐量通信卫星的代表，单星拥有56台Ka频段转发器，总数据吞吐量可达140Gbit/s，比当年北美地区上空其他所有商用通信卫星的总容量还大，该容量是休斯网络系统公司2007年8月发射的首颗全Ka频段宽带通信卫星太空之路-3（Spaceway-3）总容量的14倍。卫讯-1卫星采用了Ka频段72个点波束和频分复用等技术，使卫星总容量在Ka频段达到最大限度，上传最大速率4Mbit/s，下载最大速率可达10Mbit/s。2013年3月，美国卫讯公司（Viasat）演示了该卫星为直升机提供超视距、高性能、宽带通信服务，直升机可与地面站点或直升机之间建立4Mbit/s或8Mbit/s的数据传输链路且不受振动、冲击、螺旋桨的固有重复信号阻塞等影响。

著名的商业评级机构穆迪公司在2016年初调低了国际通信卫星公司（Intelsat）的评级，认为它负债过高而利润太低。有关的新闻《穆迪公司认为国际通信卫星公司正在溺水而亡》标题看上去很吓人。从技术层面来看，新一代的卫星技术——高通量卫星——大幅度提高了无线电频率复用率，因此大幅度降低了单位带宽的价格。这对于拥有50多颗传统通信卫星的国际通信卫星公司来说，当然造成了严重的冲击。

欧洲咨询公司（Eruoconsult）预测，2013年高通量卫星占全球总卫星带宽容量需求的17%，到2023年占比将增长到将近50%。北方天空研究公司（NSR）预计，到2022年全球高通量卫星总供应容量将超过2.3Tbit/s，总需求容量超过1Tbit/s。其中，静止轨道高通量卫星超过900Gbit/s，O3b等中轨道高通量卫星将达到100Gbit/s。在这1Tbit/s以上的高通量卫星总容量需求中，宽带接入占73%；基站中继、IP中继、VSAT联网为168Gbit/s；各类移动应用为140Gbit/s。

8.1.3 第3阶段：新型中低轨宽带移动星座兴起

8.1.3.1 O3b的模式：卫星与地面系统的补充与合作

O3b系统名称取自“要为地球上另外30亿人提供网络服务的愿景”。O3b网络系统成立于2007年，在系统成立之初，市场还对O3b系统持怀疑态度，但自2014年提供商业服务以来，仅用半年时间就达到原计划1年1亿美金的收入水平，得到了市场的认可，证明了卫星互联网星座的发展前景。

与前两个阶段卫星互联网星座不同，新一代低轨宽带移动卫星星座有如下特点：①市场定位方面，一开始就没有与地面通信竞争的计划，而是将电信运营商作为其客户，为地面通信设施覆盖不到的岛屿和海上大型舰只服务，成为地面通信手段的补充；②投入成本方面：由于低轨道移动通信星座采用商业航天发展的大量成果，比起铱星66颗的星座的成本投入有很大程度的降低；③产品能力方面：这些星座想要建设的是一个真正的宽带卫星系统，数据传输速率大大超过了铱星和全球星系统，虽然系统容量无法与地面通信手段相比，但对于地面设施无法覆盖的地区，已经能够满足基本的网络需求。

但值得一提的是，O3b星座的运营模式虽然同铱星等有了很大的区别，但其并不直接向最终用户提供服务，而是作为地面宽带运营商的补充来提供接入服务。从其通信能力来看，其也没有足够的能力为全球所有用户提供服务，只能基于特定区域或行业用户。该公司一开始是由格雷格·维勒（GregWyler）所建立，后来被谷歌公司收购，在收购后没多久格雷格·维勒由于与谷歌公司在星座的发展目标和发展理念不符离职，并创立了Oneweb公司，因此可以推测现有的模式并不是O3b公司最初设想的那样，这就导致了以Oneweb公司、SpaceX公司为代表的第四阶段的出现。

8.1.3.2 Oneweb模式：卫星抢占宽带服务蓝海并为用户直接提供服务阶段

该模式应该从格雷格·维勒从O3b公司离职并创建Oneweb公司以及马斯克的SpaceX公司宣布将进军低轨宽带移动星座开始。这两个星座的目标是直接为潜在的所有宽带用户提供高品质的互联网服务。不同于铱星二代或者现在的O3b公司，这两个星座的目标首先是为地球上普通的人群甚至是购买力不如地面宽带用户的人群提供直接的宽带服务。由于潜在客户人群数量庞大，因此在星座的设计上，也必须规划出极高的系统性能才能满足大量客户的需求。从目前的公开资料来看，Oneweb公司规划了880颗卫星，而SpaceX的星链计划更是有4000多颗卫星。单从其卫星数量，就可以看出来这两家公司的目标绝不仅仅是想要像铱星公司或者O3b公司一样在夹缝中求生存，而是要服务于一个更广大的市场。Oneweb公司与O3b公司都是同一个创始人，但目前O3b公司实际控制人为SES公司，从公司宣布的愿景来看，目前的Oneweb公司其实更符合“forOther3billionpeople”这个名字。

从实际落地的速度来看，Oneweb公司和SpaceX公司虽然在宣布了其卫星计划后都有数轮融资，但时隔三年多，目前两公司都还未将它们的第一颗卫星送上天。

8.2 运行机制

根据卫星通信产业链的结构，从供应链、市场开拓、运营应用等方面分析卫星通信企业运行盈利机制（图8-1）。

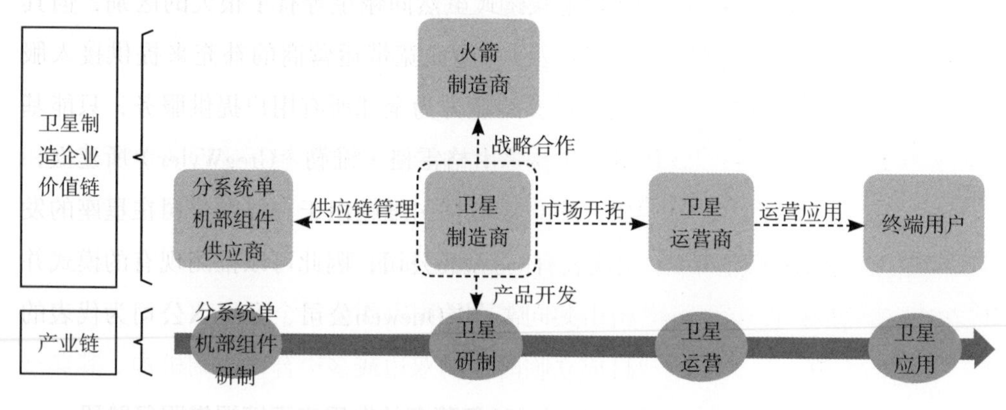

图8-1 卫星通信产业价值链图

8.2.1 与供应商紧密对接的供应链管理

供应链管理对于卫星产品研制非常重要。成熟卫星制造商通过组批采购、全球采购、供应链分级管理等创新的商业模式，形成了一套良好机制，实现了与供应商的紧密对接。

8.2.1.1 组批采购模式

卫星部组件的采购对整星研制有着非常重要的影响，许多航天元器件面临制造商所在国出口许可的限制，而相当数量的元器件又有着共性，某些情况下由于用户对出口限制了解甚少，常常因出口限制未能采购或延误交付时间。因此，采用组批采购模式能够有效避免项目研制周期受到影响。2013年，欧洲TAS集团比利时分公司就成功研制出了一款频率和功率在轨可调节的新型行波管放大器，它带来的效应是制造商可提前批量订购该行波管放大器以便缩短研制周期，进而缩小项目研制交付的周期。

此外，由于分散采购加大了采购成本，而且不能保证某批产品的性能保持统一，还额外增加了质量风险。组批采购将使制造商在有限的时间内储备较多的通用产品，以备不时之需，成批采购还可以让产品保持很好的质量稳定性以减小质量风险，同时大批量择时低价进货可以降低采购资本。所以，利用组批采购模式，可以在保证质量、保证项目研制进度的基础上整体降低采购成本。

8.2.1.2 全球采购模式

部组件价格的积聚效应往往影响最终报价，运营商所追求的是物美价廉的卫星产品，所以制造商在进行系统集成时也注重考虑部组件的成本，低成本也在某些时候成为中标的关键。

在国际通信卫星市场竞争如此激烈的情况下，制造商为了提升市场竞争力不断升级采购理念，以比较务实和合作的行为不断加速各自的能力建设。以色列航空航天工业公司（IAI）在努力成为业界领先能力的世界级卫星制造商，2013 年发射的AMOS-4通信卫星，总承包商就是以色列航空航天工业公司，有效载荷由TAS公司分包，在2013年承制的AMOS-6卫星项目中，加拿大的麦德联营（MDA）负责为卫星提供有效载荷。IAI在投标过程中采用了全球采购模式，扩大了合作范围，并且提升了市场竞争力。

8.2.1.3 供应链分级管理模式

成熟的制造商往往对其供应链采取分级管理，各个层级的询价、报价、遴选、采购独立进行，最终组合成一套有机供应链。此外，供应链并不单单存在于某个组织、某个区域内部，而是根据产业分布、市场需要灵活存在和配置的，一个有着浓郁创新氛围的供应链环境将为产业升级带来巨大能量。

欧洲在论证下一代大型卫星平台NEOSAT时，特别强调研制目标是卫星平台价格的降低，其实现方式就是优化部组件产品供应链。从论证之初就邀请到众多部组件供应商共同参与，充分采用ESA组织内部国家的零部件，最大限度地促进技术创新，在分系统、部组件级和单机级逐级实现质量保证且价格最优，鼓励创新型中小企业的广泛参与，避免一家或两家供应商垄断市场，以此在保证卫星部件质量的基础上将使卫星平台价格下降30%。

俄罗斯ISS公司通过与法国TAS成立合资公司，采购TAS的载荷产品搭配自身的卫星平台，两者在全球通信卫星市场中共同竞标，目前已累计共同建造了19颗通信卫星。ISS通过与TAS的合作，完善了载荷关键部组件的研制能力和供货链条，使其航天制造力获得提高，也提升了ISS 本身的技术竞争力，在国内和国际两个市场的开拓都取得了丰厚的成果。

8.2.2 与产业链上下游以及竞争对手的合作方式

8.2.2.1 制造商联合开发模式

在激烈的市场竞争态势下，一些制造商为了确保市场份额或持续的市场竞争力，通过强强联合，优势互补，共同进行新产品开发。

2005年6月20日，欧洲航天局（ESA）、法国国家空间研究中心（CNES）、ADS公司与TAS公司签订了一份合同，决定联合进行Alphabus开发。Alphabus属于“欧洲ARTES计划”，代号为ARTES 8，其研发成本约6亿欧元。Alphabus 平台的首发星Alphasat XL（又名Inmarsat XL）卫星是迄今为止欧洲最大、技术最先进的民商用通信卫星，已经于2013年7月25日发射成功。

发射质量3～6t的大型通信卫星是商业通信卫星市场中份额最高、竞争最为激烈的领域。全球平均每年发射约20颗大型通信卫星，约占商业通信卫星总量的80%。考虑到保持并提升欧洲大型平台的中长期市场竞争力，2010年8月，ESA新设立了ARTES 14专题，用于发展下一代主流通信卫星平台Neosat。Neosat平台专题延续了Alphabus平台专题的“强强联手”模式，继续由空客公司（Airbus）和泰雷兹公司（TAS）担任联合主承包商。

8.2.2.2 运营商与制造商合作开发模式

国际卫星通信市场发展日新月异，层出不穷的卫星通信应用为通信卫星运营商带来了机遇，同时也带来了挑战。运营商为了适应市场的需求往往在牵引着供应商的技术及产业发展。

2013年10月，ESA及德国OHB公司与全球第二大卫星运营商SES公司签订协议，SES作为平台的总承制方，ESA及OHB等多方参与研制全电推卫星平台——Electra平台，首颗卫星将是一颗SES公司的卫星，计划在2018年发射。Electra平台基于德国OHB公司正在研制中的小型同步轨道平台SGEO平台（又名LUXOR平台）进行开发。

目前，欧洲在全球卫星通信市场占35%的份额。ESA第一个公私合作项目是

HYLAS-1宽带通信卫星，它由伦敦运营商阿万蒂（Avanti）通信公司2006年建造和2010年发射，成本为1.2亿～1.56亿欧元。印度空间研究组织的商业公司Antrix参与了卫星平台的建造，阿斯特留姆卫星公司提供通信有效载荷。

8.2.2.3 星箭制造商联合开发模式

目前，美国猎鹰-9火箭发射费用为5650万美元/ 次，远低于市场平均价格，大大冲击了现有发射市场，不少卫星制造商不惜修改设计以适应猎鹰火箭发射。此外，猎鹰-9火箭还支持双星发射。波音公司选择SpaceX作为合作伙伴，创新性地将两颗BSS 702SP平台全电推进卫星捆绑发射，可以将发射成本降至原来的一半。考虑到SpaceX猎鹰-9火箭较高的性价比，因而BSS 702SP平台一经推出立刻在全球商业通信卫星市场上受到强烈关注，波音公司自此引领了全电推进卫星发展的潮流，公司已为其“堆叠”的发射构型申请了专利。

全球几大航天国家如美国、俄罗斯、法国等都有完备的星箭制造工业，星箭联合制造往往需要比较完备的接口配套机制。对于世界上绝大多数国家来说，这种高规格的工业能力不是一朝一夕就可以获得的，拥有这类工业能力的国家相应地掌握了市场竞争中的核心竞争力。

此外，大多数卫星运营商在发起招标函时会要求卫星与若干种运载火箭相匹配，星、箭在航天工业领域的角色中缺一不可。所以，星箭制造商要在抢占国际卫星市场订单中相互协作并进行联合开发。

8.2.3 创新的市场开拓模式

8.2.3.1 卖方协助融资模式

以卫星制造企业为例，卖方协助融资指卫星制造商在出售卫星的同时，通过为卫星购买方提供融资帮助或服务以促成卫星交易，实现双赢。在早期的政府市场开拓过程中，中国曾通过为发展中国家提供优买、优贷等融资帮助，促进了商业卫星出口。近年来，在运营商市场，卖方提供融资能力也成为选择卫星制造商的一项重要参考因素。对于新兴航天国家和中小卫星运营商来说，融资问题一直是制约其发展的关键因素。卫星制造商为了满足用户的需求，如果能够得到本国政府支持，提供融资帮助，将成为卫星主制造商最主要的竞争优势之一。在此市场需求下，各类卖方协助融资的模式应运而生。目前较为典型的卖方协助融资商业模式包括出口信贷机构（ECA）融资以及融资租赁。

（1）出口信贷机构融资

出口信贷机构融资，指制造商通过向所在国家出口信贷机构申请买方或卖方信贷，协助卫星购买方申请买方信贷，充分减轻运营商资金压力。这些出口信贷机构因有国家财政支持，能以低于市场均值的利率提供贷款，对制造商提高市场竞争力帮助很大。

2014年，保加利亚宣布其第一颗通信卫星（BulgariaSat-1）将由美国制造及发射，整星制造及发射商务合同均提供了全额或大部分的资金支持。美国和欧洲制造商签订的多个卫星项目中，美国和法国的进出口信贷机构均提供了全额或大部分的资金支持。近年来，中国、加拿大、日本卫星产业都在政府信用担保下签订卫星制造合同。

（2）融资租赁

全球型运营商SES公司曾多次采用融资租赁方式与波音公司开展合作，波音公司通过成立融资租赁公司等形式，将商业卫星资产销售给租赁公司，再由租赁公司租给SES公司使用。亚太地区运营商APT公司的一些项目中也明确提出希望卫星制造商通过融资租赁的方式提供卫星产品。这种方式用“融物”代替“融资”，从而在资金的使用上更加灵活。将获得美国进出口银行的融资支持。

8.2.3.2 资源整合模式

商业卫星公司市场开拓过程中，时常面临自身或客户资源不足的困境，导致项目搁置，例如用户资金短缺、无适用频率轨位、现有设施不满足业务扩展需求、缺乏出口国渠道关系等。资源整合模式，就是两家或以上公司充分利用自身资源进行合作，强强联手、各取所需、优势互补、消除困境，从而促进市场开拓进程。

（1）轨位资源合作

目前国际上总体现状是国际成熟运营商对轨位资源的掌握程度处于较高水平，在轨卫星的数量众多，对于网络资料的储备和申报也占有绝对优势，新兴运营商和政府运营商在资源方面居于劣势，制约了卫星业务的发展。频率轨位资源的稀缺衍生了以轨位资源为条件的新的商业模式，如轨位资源绑定卫星出售、利用轨位资源来换取卫星部分路数转发器的使用权等，以实现资源整合。

在中国与白俄罗斯合作的卫星项目中，中方采用提供轨位频率资源的方式获得为白俄建造通信卫星的合同。为解决白俄罗斯通信卫星轨位问题，中国运营商卫通公司向白俄罗斯提供51.5°E轨位频率资源使用权，条件是白俄罗斯以数路转发器免费提供卫通公司使用并将部分转发器资源以市场成本价出售给卫通公司。通过这种方式，中国制造商出口了通信卫星，卫通获得了低资金投入的业务拓展机会，白俄得到轨位资源发展自己的通信卫星，实现了“三赢”局面。

（2）业务资源整合

另外一个资源整合合作模式的典型事例是，全球运营商Intelsat和区域运营商Hispasat就55.5°W轨位巴西指向的Ku频段协调使用达成共识。作为协议一部分，Hispasat卫星购买了Intelsat-34卫星Ku频段少部分容量，该卫星计划于2015年末发射，定点于55.5°W轨位。同时，Intelsat一直租用Hispasat的Amazonas-1 卫星容量，该星2004年发射，由于星上异常，寿命可能达不到预计的15年。6月，Hipspasat将Amazonas-1移到55.5°W轨位，与Intelsat的Galaxy-11共轨。Intelsat-34将替代Galaxy-11，为两公司长期的带宽提供保证。该协议能够使两个公司都能够优化利用各自资产，并拓宽商业机会。

（3）区位优势互补

资源整合合作模式还体现在一些运营商、制造商为获取进入地区市场机会，降低卫星成本和风险，建立桥梁与该地区的制造商、运营商或政府部门开展合作，以迅速打开区域市场。TAS与俄罗斯ISS公司保有长期的战略合作伙伴关系，在全球通信卫星市场中共同竞标，累计共同建造了19颗通信卫星；Eutelsat和IctQatar（Qatar's Supreme Council for Information and Communication Technology）合作在 25.5°E轨位开发宽带卫星，2013年初展开服务业务，首颗卫星IntelsatNewDawn加入Intelsat卫星舰队，为快速增长中的非洲市场提供语音、无线回程、互联网和媒体应用等服务；为开发新兴市场，ADS通过成立合资公司的手段来抢占原本封闭的目标国市场，例如与印度ISRO、俄罗斯的RKK Energy成立合资公司，以载荷加平台的合作模式，逐步占领两国及其周边市场。

8.2.3.3 组批销售模式

组批销售模式是国际商业卫星市场开拓模式的另一探索，在该模式下，制造商可通过组批销售、并行生产元器件、合理安排统筹项目进度，一箭双星等多重优势以降低单星成本，分摊卫星成本费用。

2012年3月13日，波音公司组织两家中小型运营商亚洲（百慕大与香港）广播卫星公司（ABS）与墨西哥Satmex卫星公司合力购买了4颗基于全电推702SP平台的通信卫星。4颗卫星的总价为4亿美元，两家运营商各购两颗；同时，4颗卫星联合采用SpaceX公司的Falcon-9运载火箭分别于2014年和2015年进行两次一箭双星发射，单次发射费用1.3亿美元。通过组批销售的模式，单星含发射成本降至1.65亿美元，远低于2.7亿美元的国际平均价格。

SES公司曾同时招标4颗卫星，单星价格降至1.88亿美元，比单独采购节省10%（平均2亿美元），比同系列卫星便宜20%。

8.2.3.4 增值服务模式

通信卫星制造商争夺卫星订单的过程中，特别是对于一些面向新兴市场和新兴业务的卫星运营商，基于卫星的增值服务已经成为卫星制造商重要的商业竞争力，有可能左右订单的最终归属。许多大型卫星制造商在价值链上都有纵向结合的下游，甚至专设卫星服务部门，具备能力向用户提供交付集成服务和打包解决方案，以及各项基于卫星的增值服务。

2010年，Inmarsat公司新一代Ka频段Inmarsat-5卫星订单公开招标，参与竞标的有Airbus公司、MDA SSL公司、TAS公司和波音公司。如果从竞争优势判断，波音公司并不具有任何优势：Airbus与Inmarsat公司同是欧洲公司，有着长期合作的历史，还是上一颗发射的Alphasat卫星的制造商；SS/L公司在Ka频段卫星上很有经验，研制了卫讯公司全Ka频段卫星ViaSat-1；TAS公司也承担过Inmarsat S频段移动通信卫星的研制。波音公司为了赢得这份合同，针对Inmarsat Ka频段卫星面向的是海事移动这样的新兴市场，客户群体不稳定这样的问题，专门成立了卫星服务部门，利用与美国国防部长期建立起来的合作关系，提出可以帮助Inmarsat将美国军方作为其主要客户。波音公司承诺购买Inmarsat-5卫星投入运行前5年的卫星容量，还包括其他L频段在轨卫星10%的容量，并且在前5年中贡献至少10%的业务收入。最终，波音公司获得了这份订单，而这份增值服务协议成为关键因素。

8.2.3.5 空间频率资源盈利模式

空间频率资源作为稀缺的不可再生资源，部分运营商已从空间资源中看到商机，并利用手中所掌握的资源获利。

（1）国家轨位拍卖模式

巴西政府授权该国电信监管部门ANATEL负责实施了二次轨位招标活动，第一次在2011年8月30日，由休斯公司以1.182亿美元拍得45° W和68.5° W两轨位，用于BSS、Ka和X频段业务。

第二次轨位招标于2013年10月发布标书，巴西国家通信局（ANATEL）通过特殊招标委员会（Special Bidding Committee）就巴西申请的8个非规划轨位、5个BSS规划轨位、2个FSS规划轨位使用权进行招标，这些轨位频率都处于C资料阶段。按拍卖办法，中拍者将取得相关轨位15年的使用权，另有15年的续约权。ANATEL要求投标商需满足2个条件：①参加投标的公司需在巴西注册为巴西本国的卫星操作者，且总部和管理层需设在巴西，或其中一方为巴西方的合资公司。②投标商需要是通信服务供应商或卫星运营商。

巴西ANATEL将拍卖轨位频率的使用权与巴西国内卫星信号落地许可捆绑进行竞拍，这使得如SES、Eutelsat这些国际运营商都趋之若鹜。

（2）商业公司对轨位使用权进行转让模式

2013年阿拉伯卫星通信组织（Arasat）将位于26° E轨位卫星网络资料以5亿美元的价格卖给卡塔尔，该轨位包含C/Ku/Ka频段资源。塞浦路斯卫星操作者kyp公司在塞浦路斯申报了8个处于C资料阶段的轨位，随后kyp以约600万美元和Newsat公司市值250万美元股份的价格，将8个轨位使用权出售给澳大利亚Newsat公司。在孟加拉国通信卫星项目招标前，因无适用轨位，孟方一直鼓励卫星制造商提供包含轨位的综合解决方案。2015年年初，孟加拉国宣布以3600万美元价格租用俄罗斯Intersputnik公司的119° E轨位至卫星寿命末期。

8.3 服务模式

8.3.1 传统通信卫星服务模式

8.3.1.1 宽带互联网

宽带互联网已成为当今世界不可或缺的技术。虽然许多人正在享受高速互联网带来的好处，但仍然有很多人连接不上，甚至在美国也有这种情况。美国联邦通信委员会2012年所做的一项调查显示，约有1900万美国人接不上宽带互联网，其中145万人生活在乡村。包括美国和澳大利亚在内的许多政府已经开始大力推进让更多的人们接入宽带。

普及宽带的主要力量是铺设地面线路，通过有线电视和光纤等方式延伸到新的地区。但是，在许多地方，特别是在乡村，由于费用昂贵而且没有足够的市场，将线路铺设到所有人群面临着巨大的挑战。在这种情况下，卫星对于宽带覆盖起着至关重要的作用。高通量卫星可以降低高速互联网接入的成本。增大容量能够提高每台发射机的收入，使得运营商能在提高速度的同时降低成本，从而提高盈利性。卫讯和休斯网络系统等公司正在投资提高卫星的传输速度。

8.3.1.2 电视广播

数字电视是拉动卫星服务增长的又一个市场，特别是在有线电视和光纤覆盖率较低的地区。在东欧、中东和北非，付费电视市场发展迅速。不过，这些地区不可能铺设像西欧和北美那么发达的线路。因此，卫星电视公司在进入这些市场时面临的竞争也就不那么激烈。

但是，这并不是说卫星电视公司在西欧和北美没有取得成功。相反，欧洲有8400万个家庭接受直播到户电视。

8.3.1.3 航空和航海

航空和航海是卫星运营商业务增长的重要领域。如同在地面一样，航空公司和航海公司对数据的需求也在不断增长。航空公司希望在机舱中提供无线上网从而吸引乘客。美国最早从事航班Wi-Fi服务的是Gogo公司。该公司最初只是通过手机蜂窝站向达美等航空公司提供Wi-Fi服务。不过，为了向全球提供服务并且提高容量，许多航空公司和Wi-Fi服务商开始转向使用卫星。Gogo公司也签订了卫星容量合同。美国的联合、西南和捷蓝等航空公司计划在其全部机队上安装Wi-Fi。

航海公司也在寻求为船员和乘客提供宽带互联网。船运公司可以使用互联网集中进行航线管理，为船员提供通信联络。游轮公司也希望通过向在海上乘船的游客提供Wi-Fi来增加收入。这些应用都能通过卫星来实现，因为船只在航行时距离地面提供的服务较远。

8.3.1.4 政府使用

政府在拉动卫星服务需求方面发挥着重要作用。但是，跟其他用户一样，在金融危机的大背景下，政府也面临着预算削减的压力。预算削减妨碍了新计划的实施。目前的一些军用卫星计划（如美国的“先进极高频”计划）虽然能够满足部分军事需求，但却不能满足政府日益增长的卫星容量需求。为此，政府不得不从商业卫星运营商那里购买容量来填补不足。从商业卫星运营商购买在轨卫星容量或租用整颗卫星，比研制、发射和维护自己的卫星网络要便宜得多。

政府提高卫星通信能力的另一种办法是在商业卫星平台上搭载托管有效载荷。也就是说，政府设计建造有效载荷并将其装在私人拥有的卫星平台上。在这种情况下，政府向卫星运营商支付托管有效载荷费用，而卫星运营商则负责卫星平台的研制和发射费用以及卫星的运行。

托管有效载荷对政府和运营商来说有很多好处。政府之所以愿意这样做，是因为在卫星上放置有效载荷所需的费用比设计、建造、发射和运营卫星星座甚至是单颗卫星要低得多。此外，商业卫星运营商发射新卫星的频率比政府要快得多。这就为政府采用新技术或者向卫星覆盖不足的地区部署卫星提供了极大的灵活性。例如，美国政府只需要简单地在准备发射部署的卫星上装一个有效载荷就可以了，而不必发射一颗全新卫星。

托管有效载荷对卫星运营商来说也是益处多多。当政府签订合同在卫星上搭载托管有效载荷时，卫星运营商获得了流动现金来源，从而有助于进行资本投资。

8.3.2 新兴的多样化服务模式

以低轨移动通信卫星星座运营商为代表的新兴通信卫星公司，通过提供多样化的服务，挖掘新市场。例如铱星卫星系统可提供的服务包括以下内容。

8.3.2.1 语音和数据卫星通信服务

在该业务中，铱星通讯公司将语音和数据服务卖给各级经销商，并由后者向最终消费者提供服务，在此过程中有可能直接或间接通过中间交易商进行。在该服务中，铱星通讯公司针对用户各种类别不同的需求，为其提供各种不同的一站式系统性问题的解决方案，通常按月收取各级经销商和服务提供商订阅该种服务的费用，以及该经销商下一级的终端用户的每月通话费用或者其他服务费用。

8.3.2.2 铱星一键通服务

铱星一键通服务主要用户为美国国防部用户，能使其在最短时间之内与目标对象建立通信连接。当然该服务业面向其他需要该服务的在同一地区或者全球不同地区的商业用户——只要他们在同一个通信群组中即可。该服务可最多为在全球10个不同地区的用户提供服务，能带来快速和安全的用户体验。

8.3.2.3 铱星宽带数据服务

铱星通讯公司的宽带数据服务即铱星开放端口，可以提供在航空、海洋、陆地等用户的速度高达134Kbps的宽带服务以及三个独立的话频线路。相对于其他卫星宽带服务来说，铱星开放端口提供了一个有竞争力的选项。铱星通讯公司根据其下游终端用户的使用量来对其经销商收取费用，铱星通讯公司通常会鼓励渠道商对下游预付费客户提供一揽子解决方案而不是仅仅是电话或宽带通信功能。

此外，基于即将于2018年发射完毕并部署的铱星二代系统，铱星通讯公司还在开发可以提供宽带服务的铱星CERTUS宽带服务，该宽带服务相对于一代而言其性能各方面将有巨大提升，数据传输速率从22Kbps到700Kbps，并在整个二代星座布局完成后最终将实现1.4Mbps。

8.3.2.4 机器到机器通讯（M2M）

铱星通讯公司的机器到机器通讯可以提供一种费效比高的机器间数据收发解决方案。比如从位置来说，可以从固定的机器端到移动的机器端通信，固定的机器端往往是一个中央处理器，移动的机器端通常位于较为偏远的位置。

8.3.2.5 其他服务

除了直接提供连接服务以及向经销商收取使用费以外，该公司还提供一些附属服务并收取费用，这些附属服务包括但不限于收发短信、邮件、提供特定的SIM卡等。

8.4 市场分析

根据2018年6月美国卫星工业协会（SIA）发布的《2018年卫星产业状况报告》，全球卫星通信应用主要包括大众消费服务、卫星固定通信业务、卫星移动通信业务三部分。2017年，全球卫星通信应用收入为1264亿美元，同比增长0.56%。据北方天空研究公司预测，全球卫星互联网的总供应容量将从2017年的将近400Gbit/s增长到2021年的1.6Tbit/s。2017年，全球宽带卫星通信用户总数约为530万，2021年全球宽带卫星通信用户预计达到810万，年复合增长率为8.8%（表8-1）。

表8-1　全球卫星服务业收入汇总表

年份	2009	2010	2011	2012	2013	2014
大众消费通信服务合计	753	809	886	933	981	1009
-卫星电视直播	718	769	844	884	926	950
-卫星音频广播	25	28	30	34	38	42
-消费卫星带宽	10	12	12	15	17	18
卫星固定通信服务合计	144	150	157	164	164	171
-转发器租赁协议	110	111	114	118	118	123
-管理网络服务	34	39	43	46	46	48
卫星移动通信合计	22	23	24	24	26	33
-移动话音业务	7	7	7	7	8	9
-移动数据业务	15	16	17	18	18	23
遥感服务合计	10	10	11	13	15	16
总计	928	992	1078	1135	1186	1229

为推动宽带卫星通信发展，美国、加拿大、欧洲、阿联酋等国普遍将Ka频段宽带卫星作为主流发展方向。美国两大卫星宽带服务提供商卫讯公司和休斯网络系统公司分别通过两颗高容置Ka频段宽带通信卫星Viasat-1和Echostar-17推出的新一代Ka频段卫星宽带服务。欧洲卫星公司也通过Astra-2F卫星的Ka频段服务，成为欧洲首家提供速度高达20Mbps卫星宽带服务的卫星运营商。欧洲通信卫星公司于2012年开始通过其首颗高吞吐置宽带通信卫星Ka-Sat为消费者和企业提供Tooway新一代Ka频段卫星宽带互联网接入服务。

8.4.1　“金字塔”型的产业价值链

世界卫星通信产业的价值链如图8-2所示。在卫星制造领域，主要有美国、欧洲、中国、俄罗斯等国家及地区约20家大中型系统集成商，为卫星运营商提供通信卫星；在卫星运营领域，主要有国际通信卫星公司、国际移动卫星公司等40家左右的运营商，提供通信服务和转发器租赁，处于产业链的核心位置；在地面设备制造领域，主要有卫讯、哈里斯、吉莱特等上百家公司，面向卫星运营商和终端用户，提供地面支撑系统及应用业务服务；在卫星服务领域，主要有DirecTV、天狼星-XM等上千家公司，为最终用户提供各类解决方案和增值服务。

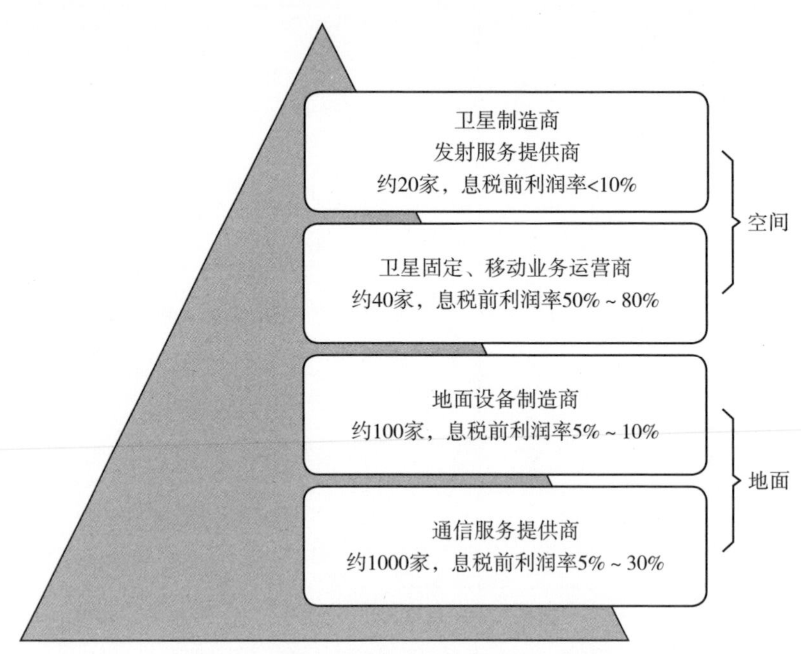

图8-2　世界卫星通信产业价值链分布情况

从产业价值链来看，卫星制造与卫星发射服务业的息税前利润率（EBITDA）低于10%。地面设备制造业的EBITDA为5%～10%。卫星运营业的EBITDA为50%～80%，卫星服务业的EBITDA为5%～30%。卫星运营服务业由于商业价值最高，因而成为产业发展最为活跃，同时也是各方角力的“主战场”。卫星通信产业链由上至下收入占比和利润率不断增高，说明产业链下游、面向最终用户的环节收入和利润都更为可观。

从过去10年的发展来看（2005—2014年），世界卫星通信产业在经济复苏趋缓的背景下保持平稳增长态势。居于价值链核心地位的卫星通信服务业蓬勃发展，新兴业务层出不穷，不断为产业发展增添活力。2014年世界卫星通信服务业收入比2005年翻了2倍还多，年均增长10%左右，产业持续繁荣。

按照业务类型划分，卫星通信领域可分为大众消费业务、卫星固定通信业务和卫星移动通信业务。其中，大众消费业务包括卫星电视直播业务、卫星音频广播业务和消费卫星宽带业务；卫星固定通信业务包括转发器租赁业务和管理网络服务；卫星移动通信业务包括移动话音业务和移动数据业务。

从近几年的发展变化来看，面向大众的消费类业务贡献了越来越多的业务收入，卫星直播电视业务是卫星通信服务业收入的主要来源，占大众消费类业务收入的90%以上；卫星宽带业务保持高速增长，是未来产业发展的重要引擎，同时也是天地一体化发展的应用方向；卫星固定通信稳步发展，增长主要来自VSAT的网络服务；卫星移动通信业务虽然目前占比较小，但主要面向海事、航空等地面通信手段难以覆盖的区域，是发展热点，2014年增速达到25%，远超卫星通信卫星服务业2014年3.4%的平均增速。

8.4.2 卫星制造市场需求继续分化

8.4.2.1 地球静止轨道商业通信卫星制造订单降至15年来最低

2017年，地球静止勒道商业通信卫星订单只有7个，远远少于业界普遍预计的10～15颗的数量，已降至近15年以来的最低点（图8–3）。

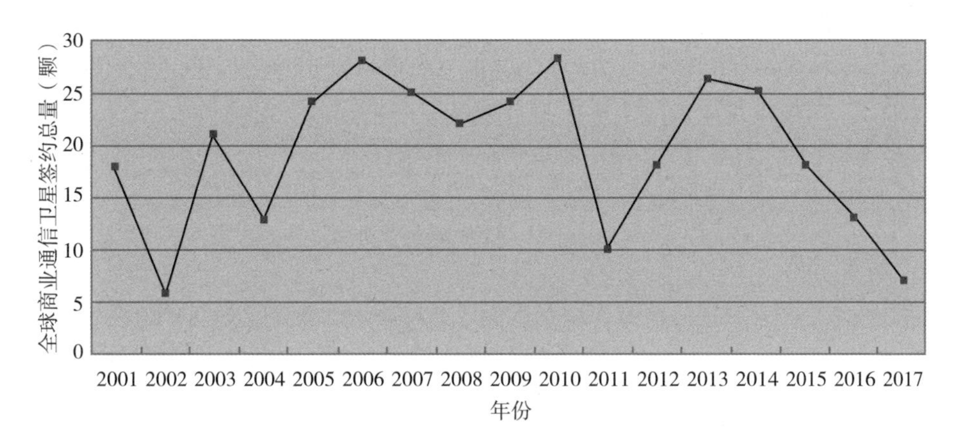

图8–3　2001—2017年全球商业通信卫星签约数量

订单数量下降的首要原因是高通量卫星对传统通信卫星的冲击。2017年签署的8颗卫星订单中，7颗均为高通量卫星或带有高通量载荷，其中“木星”3、“全球快讯”5卫星更是甚高通量卫星，这反映了高通量卫星技术的迅猛发展，已开始逐步替代传统地球静止轨道通信卫星。目前，单颗高通量卫星容量可达到传统卫星的数倍，卫星制造订单的下降并不代表卫星应用市场对卫星容量和转发器的需求有所降低。

其次，卫星运营商看好中低轨道卫星星座发展，中低轨道通信卫星制造订单抵消了部分传统地球静止轨道卫星的补网需求。如SES公司称新订购的7颗中地球轨道卫星除能带来很多新增容量外，还可免除2颗传统地球静止轨道卫星的补网需求。因此可见，商业通信卫星市场并未萎缩，而是正在向地球静止轨道与非地球静止轨道多样化发展的方向转变。

另外，美进出口银行董事会仍未在2017年补足法定人数，因此一直无法为商业卫星和发射项目提供资金支持，这很大程度上影响了美国卫星制造商的市场开拓业绩。时至今日，2015年波音公司签订的ABS-8卫星和劳拉公司签订的“阿塞航天”2卫星因未得到美国进出口银行的支持，项目仍处于停滞阶段。

8.4.2.2 欧洲卫星制造订单回升，继续同美国垄断卫星制造市场

一直以来，欧美卫星制造商在商业通信卫星中占据绝对优势，并保持着相对稳定的占比，但2016年欧洲卫星制造却出现暂时下降，只签订了1颗卫星，占全球商业通信卫星订单的8%，创近6年来的最低水平。2017年欧洲卫星制造商加大市场开拓的力度，从卫星本身的性能、整星报价和用户参与度等多维度提升方案竞争力，全年共签署3颗卫星订单，占2017年全球地球静止轨道通信卫星市场订单的42.75%，这再次显示了欧洲卫星制造商在国际卫星制造市场的地位。

而美国，2017年全年共签署3颗卫星，制造订单占比与欧洲相同，也为42.75%。虽然与2016年的77%相比有所下降，但这并不影响美国卫星制造商继续领跑该市场。

此外，中国航天科技集团有限公司与千岛繁荣统一卫星公司签署了1颗通信卫星订购合同。

2001—2017年各国卫星制造商签约占比趋势如图8-4。

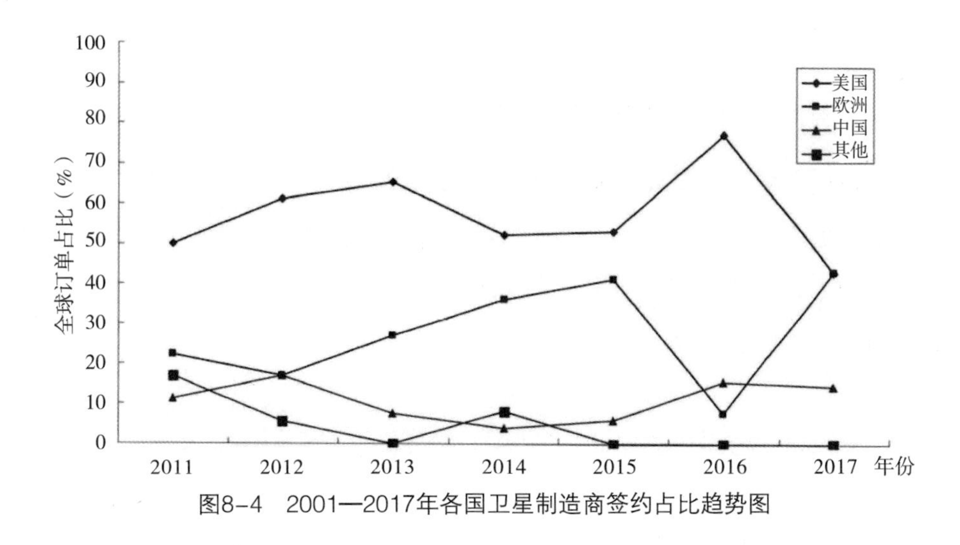

图8-4　2001—2017年各国卫星制造商签约占比趋势图

8.4.2.3　多家公司提出V波段非地球静止轨道星座方案，中低轨道卫星星座迎来新一轮热潮

2014年末到2015年初，以太空探索技术（SpaceX）公司、一网（OneWeb）公司、加拿大电信卫星公司、低轨星企业公司为代表的卫星运营商相继提出采用Ku/Ka波段的卫星星座为用户提供互联网服务，掀起了互联网星座建设的热潮。2016年6月，卫星制造商波音公司向美国联邦通信委员会（FCC）提出在非地球静止轨道上部署V波段星座计划，促使太空探索技术公司、一网公司和加拿大电信卫星公司、03b公司和卫讯公司等在原有卫星星座的基础上开始构建后续V波段卫星星座，中低轨道互联网星座规模进一步扩大。

目前，所涉V波段频谱尚未大量用于商业通信业务，而上述公司提出的方案都把潜在的V波段卫星使用作为原有的Ku或Ka波段方案的后续项目，不管这些公司提交的V波段非地球静止轨道星座计划是否能够建立完成，但对于能够申请成功V波段频率使用权的企业来说，掌握了这一不可再生战略资源，就已经在未来的通信市场竞争中占据了很大优势。

来自中国的通信卫星运营商显然也认识到非地球静止轨道星座这一发展趋势，中国航天科技集团有限公司提出的“鸿雁”星座、中国航天科工集团有限公司提出的“虹云”工程、上海欧科微航天科技有限公司提出的“翔云”星座以及北京信威通信科技集团股份有限公司和南京世域天基通信技术有限公司提出的卫星星座均采用Ka/Ku波段。

8.4.3 卫星制造商积极调整适应市场变化

8.4.3.1 静地卫星制造商采取不同的策略对抗卫星制造市场的变化

静地轨道通信卫星市场一直以来都是传统卫星制造商重点争抢的领域，但近年来订单的大幅下滑、交付卫星进度的压力和尽快采用新技术的要求，使得这个行业面临前所未有的变化。为此，部分传统卫星制造商纷纷采取不同的策略来对抗这些变化。

洛马航天系统公司的主要做法可归纳为大胆采用先进技术、压缩卫星生产周期、提升平台标准化。洛马航天系统公司采用增材制造和机器人技术等新制造工艺，对A2100平台进行了重大修改，目前已将生产周期压缩了25%。原生产周期为36个月，公司压缩的目标为18个月。对研制的定制化卫星平台加以整合，每个平台的核心构件将在多种部件上与其他平台保持通用性。目前已找出的通用部件有超过280个，涉及推进、反作用轮、常平架、功率调节、太阳电池阵、蓄电池技术、温控以及软件和航电设备。洛马的软件系统还将让每款平台都能根据具体任务需求或卫星类型快速更改配置。

空客防务与航天公司选择与俄罗斯能源火箭航天公司联合研制生产一种先进中型卫星平台，以供地球静止轨道中型商业卫星使用，该平台重点面向俄罗斯和国际市场的需求。

OHB系统公司通过加强与用户在有效载荷的交流，欲将新型“小静地轨道”平台卫星的生产周期从首颗卫星所花的7年压缩到3年左右。

轨道ATK公司进一步加大对政府卫星市场的开拓力度，以期弥补商业市场的不景气。

8.4.3.2 巨量、快速的小卫星制造需求正悄悄改变传统的卫星制造模式

自2014年低轨互联网星座兴起以来，全球提出要部署的小卫星数量已接近2万颗，而且还要在8年的时间内实现，这对于传统卫星研制模式形成巨大冲击。一颗传统的地球静止轨道商业通信卫星至少需要2年以上的制造周期，这根本不可能满足目前市场的需求。为此，部分卫星制造商悄悄改变以往的卫星制造模式，推动卫星的批量化、自动化、短周期生产的制造思路已开始初步显现，而其中的典型

代表就是一网公司和空客集团合资成立的一网卫星公司。

目前，一网卫星公司握有一网公司“第一代”星座以后续星座共计超过2000颗的制造订单，并已做好拓展其他商业和政府用户的准备。一网卫星公司佛罗里达州的卫星制造工厂已于2017年3月16日破土动工。按照其公布的未来设想，公司将利用智能装配工具、大数据控制、自动精准耦合、自动导轨传送机器人、增强现实工具及自动测试系统等手段，加速整个AIT流程，其1条生产线共含30个测试和组装工位，每个工位分配2名工人，可实现1天1星的出厂交付能力。

8.4.4 卫星运营面临巨大压力

8.4.4.1 多因素导致静地卫星容量价格剧烈下降

根据北方研究公司的调查，卫星容量的价格较两年前下降了35%～65%，其中移动容量交易的价格跌幅最大已高于60%，高通量消费者宽带和蜂窝回程紧随其后降幅接近60%，电视广播容量下降幅度最小约35%。从未来12个月的合约情况判断，降价将会持续到2019年，并且再也回不到以往4000美元/GHz的价位。

地球静止轨道卫星容量价格剧烈下降最主要的原因是高通量卫星技术快速发展，卫星单位通信容量成本迅速降低。目前高通量卫星单位通信容量（Gbit/s）的投资已降至300万～500万美元，与地面网络的带宽成本相当。另一个重要因素是卫星运营商为争取空中互联和海事等市场的大宗连通业务合同，给出了非常低廉的报价。

价格下降已导致部分卫星运营商改变以往的经营策略，从只出售原始容量转向提供整个卫星网络和托管服务。这一趋势正引发与卫星网络运营商的摩擦，因为双方均在着手争夺同样的最终用户。值得庆幸的是，因卫星容量价格降低正引来部分新的客户，这些客户此前均因价格昂贵而拒绝使用卫星为其提供服务。

8.4.4.2 欧洲产业界联合推动5G星地融合，美国态度不明

多年来，地面移动运营商和通信卫星运营商对C波段频谱的争夺一直处于胶着状态，但这种平衡在2017年出现了重要的变化。

2017年10月，国际通信卫星公司联合英特尔公司向美国联邦通信委员会提交

报告，要求向地面通信企业开放部分星用C波段频谱用于5G网络建设。这一提议引发了通信卫星运营行业的震动，要知道国际通信卫星公司一直以来都是天基C波段频谱争夺的坚定捍卫者，并对美国C波段频谱使用权有重要影响。紧随其后，欧洲卫星公司宣布支持该提议，但提出了两个基本原则：一是必须形成适当的经济补偿；二是必须确保卫星运营商提供的服务不出现任何中断。另两家全球卫星运营商欧洲通信卫星公司和加拿大电信卫星公司则表示，仍在对国际通信卫星公司和英特尔的方案进行研究。截至目前，美国联邦通信委员会并未就国际通信卫星公司和英特尔公司的提议做出回应。

在欧洲，以欧盟委员会、欧洲电信标准协会为代表的政府组织正积极推动卫星业界参与5G标准制定与协同发展。欧洲航天局同空客防务与航天公司、泰阿航天公司、欧洲卫星公司、欧洲通信卫星公司、国际移动卫星公司等在内的16家卫星运营商、服务商及制造商签署了"卫星5G"联合声明，旨在通过一系列的研究、开发和实验等工作，摸索出卫星通信和5G无缝集成的最佳方案。

8.4.4.3 多家初创公司进军物联网应用市场

近年来，物联网技术及应用进入了蓬勃发展的黄金时期。以英特尔、谷歌、思科、软银为代表的国外巨头纷纷加大对该领域的投资，积极构建、完善物联网生态圈；在国内，华为、百度、阿里巴巴、腾讯、中国移动等公司或搭建服务平台，或推出操作系统，或开发硬件设备，正结合自身的优势向物联网市场展开冲击。面对未来物联网广袤的市场，全球多家初创公司宣布建立专门的小卫星星座来开展相关业务。

这些公司声称，未来几年他们将从数百亿美元的物联网产业链中获得数千万甚至上亿的份额，但他们要想从现有的服务市场分一杯羹并不容易。竞争首先来自地面运营商。因为物联网很大程度上可复用现有的地面运营网络（有线宽带网、2/3/4G移动网络等），而现有地面运营商在人口较为密集的城市地区已形成较为完整的基础设施网络，使得现有市场绝大部分的份额被地面运营商掌握。其次，国际移动卫星公司、铱星公司、全球星公司等现有的卫星运营商已开始布局该领域，完善的卫星基础网络和运营体系正使其逐步获得目前地面运营商覆盖不到的市场。

对于初创公司，目前仍有的细分市场或许还有机会，但这机会也并不多。因为确实需要通过卫星接入的市场主要集中在没有地面设备可用，但又要求应用时常在线的地区，而初创公司小卫星星座建设早期，由于完整星座的缺乏，小卫星星座的时延难以满足这些用户可靠性的要求。此外，农业、矿业和城市及边远地区的读表应用等功耗要求极低的领域也是目前可预期的市场，但市场潜在收入相对较低，难以容纳诸多卫星星座运营商。

9 “一带一路”国际化发展策略

9.1 国际商业航天市场形势

当前，卫星经济从产业结构划分，主要可分为卫星运营服务业、卫星制造业、卫星发射业和卫星地面设备产业四大部分。根据2017年6月美国卫星工业协会（SIA）发布的《2017年卫星产业状况报告》的统计数据，2016年全球卫星产业总收入达2605亿美元，同比增长2%。其中卫星运营服务业实现收入1277亿美元，卫星制造行业实现收入139亿美元，地面制造设备实现收入1134亿美元，卫星发射实现收入55亿美元。

截至2016年12月31日，全球共有在轨卫星1459颗，分属59个国家。其中美国拥有594颗。商业通信卫星和遥感卫星总量最多，分别占35%和19%。较2012年的994颗，5年内卫星数量增长达47%，发射量增加53%，每年平均144颗，大部分是小于1200kg的微小卫星。在轨卫星中有247颗是2002年之前发射的，静止轨道卫星数量520颗，大部分为通信卫星。

卫星运营服务业：实现收入1277亿美元，占比49%，仍为整个卫星产业的主要驱动力。同比增长0.2%，几乎与去年持平，除卫星固定通信业务外，大众消费通信业务、卫星移动通信业务和遥感业务较去年有少量增长。其中大众消费通信业务收入达1047亿美元、占比82%，是卫星服务业中占比最大的领域。其中卫星电视实现业务收入977亿美元，基本与去年持平，卫星音频广播和卫星宽带分别实现收入50亿美元和20亿美元，较去年分别增长了10%和3%。

卫星制造业：实现收入139亿美元。由于卫星替换周期即将结束，较去年减少21亿美元，暴跌13%，整个发射行业趋于疲软。其中美国占64%，军用卫星占比由去年36%上升至44%，立方体卫星所占比重不到1%。2016年全球共发射卫星126

颗，较2015年的202颗明显减少，有46颗为立方体卫星，37%为商业遥感卫星。如果不包括立方体卫星（CubeSats），2016年美国用占27%的发射量实现了63%的卫星收入占比，可见美国卫星仍在全球卫星运营企业中占据着绝对的优势。欧洲发射数量占比29%，中国名列第三占比5%，俄罗斯和日本各占1%，其他国家占0.2%。可见卫星制造产业市场集中度很高。中国发射了几颗性价比不错的卫星，在全球17个GEO商业卫星订单中拿到了12%（美国59%，欧洲29%）。

地面制造设备：实现收入1134亿美元，较去年增长7%，卫星导航实现846亿美元收入，卫星电视、广播宽带和移动通信收入185亿美元，网络设备收入103亿美元。增长的7%主要来自卫星导航设备和网络设备，其中卫星导航收入增长8%，卫星电视、广播、移动卫星终端等客户端设备收入占比1%，消费性设备需求平淡；网络设备收入增长7%，管理网络服务需求增加。

卫星发射：实现收入55亿美元，较去年上涨2%。2016年，全球招标商业发射64次（比2015年少1次），中国表现比较抢眼，发射了20颗卫星，比2015年多1颗。

从以上数据可以看出，卫星应用是商业航天最重要的领域，卫星运营服务业是最大的细分市场，目前国际商业卫星市场仍然被欧、美、俄卫星制造商垄断，中国参与国际市场竞争主要集中在卫星制造和服务方面，但地面制造终端设备和卫星运营的市场空间也很大：一是因为使用可以与卫星链接的海、陆、空设备终端的地面用户，可以是个人或群体，所以范围和数量都很可观；二是终端设备制造及卫星应用方面因为进入门槛低、参与者众多，竞争非常激烈。所以这两个市场同样不容忽视。

9.2　基于“一带一路”倡议的中国航天企业的SWOT分析

9.2.1　优势（Strengths）

目前中国航天在技术和经验方面掌握了关键能力，在“一带一路”地区，中国具有较为显著的快速和可持续发展优势。民用空间基础设施建设稳步推进，空间能力和全球服务水平不断提高，应用领域和效益不断拓展。在商业发射、卫星提供及国际空间技术合作业务开展方面，能够完整地为国际客户提供卫星在轨交付和卫星地面站建设等全方位、一站式的服务，可满足用户多元化需求。此外，与联合国外空司、欧空局及欧洲各国、俄罗斯、众多航天新兴国家和国际组织达成了合作框架，开展了深入的交流与合作。

9.2.2 劣势（Weaknesses）

面对当前国际宇航界不断创新商业模式、完善产业链、构建生态圈、结成利益共享和风险共担联盟的竞争态势，国内航天行业商业模式单一，面对用户对全系统解决方案的需求仍以出口系统及单机产品为主，技术水平较欧美国家仍有差距、生产成本较同类产品偏高，产品体系竞争力不足；境外投资、跨国并购等国际化经营模式仍处于刚起步阶段，国际资本化运作步子太小，商业模式亟待创新；海外营销体系尚不完善，不能有效地覆盖重点市场，尤其是在拉美、东南亚和中东等区域缺少稳定的办事机构，不能与客户保持长久、有效和直接的沟通；国际履约意识和能力都有待提升，履约管理体制和机制仍需不断完善；掌握国际规则、精通业务的复合型国际化经营管理人才队伍培养不够。

9.2.3 机会（Opportunities）

对外，俄罗斯与美国、欧洲政治外交关系跌入冰点，中东等地缘政治复杂区域的宗教民族纷争不断等，国际政治格局大调整或刺激全球航天工业发展。对内，一是“一带一路”“装备走出去”和国际产能合作等国家战略的实施为国际化发展提供了有利的政策支持和发展环境；二是航天技术应用与服务业发展潜力巨大。目前虽然卫星通导遥应用商业模式的发展带动了航天产业发展，但只有少数企业具备通信卫星的全球运营和服务能力，美国、欧洲等企业也只是基本垄断商业遥感卫星服务市场；再者以新材料、智能制造、节能环保、特种装备等为代表的航天技术转化成果已广泛应用于工业制造，结合以上两点可预见未来全球航天技术应用与服务业发展潜力巨大。

9.2.4 威胁（Threats）

一方面，国外航天企业不断进行理念创新、模式创新和技术创新，以技术、成本优势迅速抢占全球市场，设置技术门槛、进行技术垄断，增加了中国航天打开国际市场的难度。如空客防务与航天公司（ADS）下属萨瑞公司研制的“量子”卫星软件化载荷引领了通信卫星载荷新的发展趋势；劳拉公司为美国数字地球公司研制的世景3号卫星垄断了全球高分辨率光学图像市场80%的份额；ADS入股并获得一网公司（OneWeb）发起的由880余颗卫星构成的星座计划研制合同，利用在飞机制造领域“未来工厂”的理念构造卫星生产线，采用机器人、3D打印等先进技术，开创了利用组装流水线进行大批量、低成本卫星自动生产的全球先例。

另一方面，以美国为首的西方国家利用导弹技术控制制度（MTRC）、TTAR法案等多边国际军控规则加严限制我国军工和宇航产业发展，航天企业国际化经营活动受到严重影响。在军工领域，美国《2013财年国防授权法案》其中一条是将卫星及其他相关物项从“军品管制清单”转到“商业管制清单”，虽在2017年1月15日进行了微调，但还是会导致用于卫星的某些关键组件、零部件无法正常进口，还可能影响与其他国家正在开展的项目无法正常履约，影响国际合作的开展。再者，由于我国业内较多技术标准低于国际标准，导致可能出现某些国家通过设置技术壁垒来限制出口的问题。

9.3 中国卫星应用系统在“一带一路”沿线国家商业航天市场的应用空间

目前中国航天在卫星应用系统方面的硬件设施也越来越成熟：基于DFH-4、DFH-5平台的通信卫星能够提供宽带接入、移动通信等服务；大型、中小型敏捷遥感卫星平台能够提供视频、SAR、亚米级光学等多类载荷服务；地面设备方面具备各口径接收天线和海量数据处理能力，真空罐、总装AIT厂房等航天基础设施的出口也能为“一带一路”沿线国家提升航天能力提供了强有力的支撑。

在卫星通信领域，以亚太九号卫星的发射为例。随着2015年10月亚太九号卫星的成功交付，中国航天首次向国际成熟运营商在轨交付通信卫星。目前亚太卫星拥有6颗在轨卫星，服务范围覆盖全球75%的人口和50多个国家或地区。其中亚太九号卫星的C频段转发器包括“亚太”和“东南亚”增强两个波束，分别覆盖亚太和东南亚地区，分别是两个区域内覆盖最广和性能最好的卫星资源；Ku频段转发器可覆盖东印度洋和西太平洋的广阔地区，满足海事船载和飞机航线机载通信服务；此外该卫星配置的Ku移动波束可灵活指向不同区域。亚太九号卫星主要服务于“一带一路”地区，极大地提升了亚太卫星在该区域的服务能力。

在卫星遥感领域，以全球遥感服务体系的建设为例。中国航天在多源遥感数据采集处理和综合信息服务平台示范的基础上逐步构建全球遥感服务体系，旨在充分利用现有空间段和地面段卫星遥感基础设施以及行业应用能力，在互惠互利的前提下提升全球范围内的卫星遥感服务能力。该体系包括虚拟遥感卫星星座、全球建站接收和全方位应用服务。虚拟遥感卫星星座是通过合作机制，将国内的民用遥感卫星和商业遥感卫星及国际合作伙伴的遥感卫星联合起来，形成卫星遥感服务体系，形成高效、可扩展、分布式等特点的遥感卫星数据采集能力，形成1+1>2的服务格局。目前，虚拟遥感卫星星座的潜在客户对象包括国内资源三号、高分一号二号、委内瑞拉遥感一号二号等多颗遥感卫星。在有了数据基础的前提下，结合不同国家的实际需求和地理特点，分步实现全球接收站的建立，实现全球范围内遥感卫星采集数据的无缝隙落地接受。该服务体系目前已初具规模，为“一带一路”沿线国家提供在农业、减灾、环境、采矿、制图、海洋等方面的应用提供了有力的工具。

在卫星导航领域，以中国北斗导航卫星系统为例。该系统由空间段、地面度、用户段组成，可在全球范围内全天候、全天时为各类用户提供高精度、高可靠定位、导航、授时服务，已初步具备区域导航、定位和授时能力，定位精度10m，测速精度0.2m/s，授时精度10ns。已经在轨22颗星，北斗导航系统已经能在亚太国家提供稳定的导航服务。2018年北斗系统将实现对整个“一带一路”国家的覆盖，2020年前该系统将在全球范围投入应用，在“一带一路”地区建设中发挥更为重要的作用。事实上北斗导航系统现在已经和美国的GPS、欧洲的伽利略和俄罗斯的格洛纳斯一起，成为联合国认定的四大全球通信卫星导航系统。

9.4 合作展望

基于目前中国航天在上述三个领域的发展及“一带一路”沿线国家对卫星通信、导航、遥感等卫星应用在维护国家安全、拉动经济增长和提升科技水平等方面的诉求及显著作用，中方与沿线国家的合作空间巨大。

在“一带一路”倡议推进过程中，航天智库机构中国航天工业科学技术咨询有限公司牵头航天界的企业、机构、学者推动实施构建航天“一带一路”之“天基丝路”的建设构想，即通过在轨卫星观测地球，为“一带一路”互联互通提供信息保障的同时，旨在发挥我国已有的和规划中的空间基础设施资源作用，承担大国义务，为“一带一路”地区安全、经济和科技发展提供支撑。“天基丝路”由卫星通信、卫星导航、卫星遥感等三大应用卫星系统为主题，以构成覆盖“一带一路”地区的民用空间基础设施和应用服务体系。在卫星通信领域，构成由数十颗固定、移动、广播和中继通信卫星组成的覆盖广、容量大的通信卫星体系，适当增补数据采集卫星系统。在卫星导航领域，推动各大系统间实现兼容与互操作，合作构建覆盖“一带一路”的北斗/GNSS天、地基导航增强系统。在卫星遥感领域，建成由数十颗卫星组成的手段完备、数据获取能力强、重访周期短的虚拟遥感卫星星座及地面配套设施，对陆地、海洋、大气、环境等多种要素进行长期稳定综合观测。通过在上述领域的卫星体系架构，完成“一带一路”沿线国家对卫星通信、导航、遥感等应用的需求。

此构想伴随着“一带一路”倡议不断落地实施，为中国进一步深化与沿线国家的合作奠定了基础。截至2017年上半年，中国航天已与30个国家和3个国际组织签署了98份政府间或政府部门间合作协定，涉及“一带一路”沿线国家11个、协定23份，与沿线国家建立了良好的政府和商业合作机制。

9.4.1 与航天实力雄厚的引领者（航天国家）的合作方向及模式——以技术交流、技术合作为主

探讨中俄合作，首先需从作为俄罗斯航天发展重要组成部分的格洛纳斯全球卫星导航系统来看，格洛纳斯系统目前发展成为俄联邦重大空间基础设施的重要组成部分，成为继美国GPS系统后，唯一能够提供全球卫星导航服务的系统。2008年发布的《全球卫星导航系统及其增强系统国际合作方案》中也基本明确了俄罗斯与中国的合作方向，作为拥有GENSS系统及其增强系统的中国，与俄合作方向主要包括保障两系统的兼容与互操作、整合增强系统地面基础设施技术设备（包括海外建站）、建设相互增强的联合服务、共享数据测试分析GNSS技术状态

和增强系统的设备等。《合作方案》还就以上合作方向明确了两国间主要的合作方式是政府间签署合作协议。2016年中俄双方成立了中俄卫星导航重大战略合作项目委员会，围绕“北斗+格洛纳斯”系统兼容开展了全面合作，2017年8月，中俄就格洛纳斯卫星定位系统数据修正合作达成协议，制定2018—2022年航天合作计划。

但俄罗斯卫星导航应用市场十分特殊，市场规模相对不大，且大多数用户集中在交通领域，要想保证系统的健康发展和具备国际竞争力，拓展国际卫星导航应用市场是其必然选择，特别是在独联体和金砖成员国等发展中国家的应用。俄罗斯一方面要拓展卫星导航应用市场提高竞争力，另一方面，卫星导航终端设备研发制造能力有限，尤其是电子元器件制造水平较低，不能形成完备的产业链，俄罗斯相关工业部门也意识到这一点，也在与中国、印度等国的合作上寻求突破。目前，中俄两国在航天电子元器件领域的合作为俄航天器电子元器件选型提供了支撑。这也是中俄日后重点合作的方向之一。

鉴于中俄都属于航天大国，合作方向不仅仅局限于卫星应用，太空站、太空垃圾监测和载人航天方面也是重要的合作方向。中国正在逐步创建和扩建太空站，规模相当于俄罗斯“和平号”空间站的一半，学习俄罗斯成功经验和技术可以加快太空站建设步伐；太空垃圾正给全球航天工业发展带来越来越多的问题，双方还可在太空垃圾监控方面进行合作；开发月球也有可能是中俄双方日后合作的项目，俄媒《新消息报》2017年7月14日发文称，开发月球只是中俄航天领域合作一小步。

由此可见中俄合作范围也不仅仅局限于商业航天，但由此带来的商业合作机会将大大增多，加之中俄之间的合作方式主要是政府间签署合作协议，航天企业应在此协议框架下、在卫星应用、地面设备制造、载人航天、太空站等各领域积极寻找商业合作空间。主要合作模式见表9-1。

表9-1 中俄合作模式及策略

合作目的	合作方向	合作方式
提升外交地位	技术交流、学术交流	以组织、参加国际性论坛、峰会、展会、联盟等方式为主，进行技术交流和推广
提升航天技术水平、保持竞争力	卫星导航应用市场；元器件出口	政府为主导：寻求互利的政府间深度合作，签署合作协议；政企合作：采用合同外包、特许经营等灵活方式与市场主体充分合作等
分散研制风险、降低研制成本	太空站；太空垃圾监测；载人航天等	政府主导，吸引民间资本；与俄方成立合资公司，共同开发和研制；自主研发的同时进行海外并购，掌握核心技术的前提下缩短新技术研发时间，加强产业链整合布局等

9.4.2 与具备一定航天能力的竞争者（航天国家）的合作方向及模式——以保持技术优势、引领“朋友圈”发展为主

独立后的乌克兰凭借其在航天领域雄厚的基础实力，积极开展国际合作，同俄罗斯、美国、中国、巴西、以色列、韩国、日本等航天国家签署了双边合作协议，同波音公司、ADS等国际一流宇航企业建立了良好的合作伙伴关系。与国际组织和通信公司如欧洲通信卫星公司、国际海事卫星组织等签署多边合作协议。

中乌两国在航天领域的合作早已形成良好的合作局面，涉及层面从航母、战斗机到发动机、关键零件等，尽管美俄多次警告，但乌克兰依旧与中国保持良好合作，充分体现了互惠、互信、互助。中乌双方于2016年4月在基辅举行了双方政府间航天合作委员会会议，草签了2016—2020年的航天合作项目计划，在2016—2020年期间，合作项目达70多个，多数涉及中国探月工程中的航天运载火箭科技。此外，在探索太阳系、地球遥感、开发新材料领域也有涉及。考虑到目前乌方政局不稳，利用好乌方的人才积累优势、聘请乌方专家来华不失为一计良策。同乌方这类航天大国合作，类似于同俄罗斯，商业航天不是重点开发市场，实现航天技术的跨越式发展、提升国际地位和国际竞争力才是重点，一旦有企业合作机会，合作方式仍可供参考。主要合作模式见表9-2。

表9-2 中乌合作模式及策略

合作目的	合作方向	合作方式
提升国际地位和国际竞争力 实现航天技术跨越式发展 拉动本国经济增长	发动机； 关键零件； 开发新材料等	加强航天技术合作，加强技术交流，可通过技术转让等方式获得乌克兰先进科技； 在两国航天企业专家合作交流的基础上，借助国家人才计划聘请专家和技术人员来华工作； 对政治格局预判的基础上，加强与乌克兰航天企业的合作

9.4.3 与积极参与航天发展的追随者（航天技术应用国家）的合作方向及模式——以整星出口、科技交流、技术转移，助其加强空间基础设施建设为主

面对贫穷饥饿、医疗教育、能源和水资源管理、基础设施、中巴经济走廊、灾害管理、国家安全等主要问题，巴方主要需求的卫星技术包括通信、遥感和地球观测、导航、气象卫星。基于以上需求，与巴方合作，在充分利用中国现有的卫星资源的前提下分三步骤实施。首先充分、合理利用国内北斗卫星资源，按照国家“一带一路”倡议，计划2018年面向“一带一路”沿线及周边国家提供基本服务，2020年前后我国将建成北斗全球系统向全球提供服务。值得一提的是，2017年9月，“全球首颗支持新一代北斗三号信号体制的多系统多频高精度SoC芯片”正式发布，该芯片用于北斗三号卫星系统建设，在无须地基增强的情况下便可实现亚米级的定位精度，实现芯片级安全加密。第二步重点发展“地面应用”和“系统服务”，加强北斗地基、天基增强系统建设以及北斗数据中心运营，这是具有高度垄断和持续现金回报的大产业。中国已在巴建立地面站网，在此基础上，第三步就是逐步建立起巴基斯坦的区域导航系统。这样既推广了国内资源，又拉近了两国关系，还能充分保持中国较之巴基斯坦在卫星研制及应用方面的领先优势。

从巴方看，巴方SUPARCO在导航卫星应用方面已经开展了研究工作。如开展差分GNSS网络、卫星导航系统论证等，具备研究的人才和技术基础。建立了多套卫星的地面站、数据接收站，正在筹建国内的卫星总装中心，为卫星导航项目的实施提供了物质基础。

目前，中方的中国空间技术研究院与巴方SUPARCO也在不断就巴基斯坦导航星座建设方面的合作事宜进行会晤和商讨。主要合作模式见表9-3。

表9-3 中巴合作模式及策略

合作目的	合作方向	合作方式
分享航天科技成果；促进本国经济发展	在卫星通信、导航、遥感领域，提供系统解决方案：包括卫星、发射服务、地面系统、保险和融资支持在内的一揽子产品和服务	科技交流：资助科学家来华工作；举办技术培训；搭建卫星系统合作组织平台等。 成立联合实验室； 技术转移：以卫星系统研制、应用为基础进行技术转移； 卫星建造“交钥匙”工程； 提供实施与咨询服务
	大力发展航天技术应用产业，拓展卫星应用与增值服务	政企合作，开展技术交流：政府与政府以搭建平台为主，促进优势企业产业价值链一体化发展，充分利用和吸纳国内外各市场主体的优势和资源； 民营投入：以国有企业为市场主体，允许民营企业在国家政策允许范围内，充分利用自身机制体制灵活及在产业链某环节强、精、专的优势，广泛参与

值得一提的是，在此类国家卫星制造和出口仅是整个航天产业链中的一环，针对此类国家，真正做到以用户为中心，从用户角度出发，进一步深挖用户需求并进行牵引，实现现有市场的二次开发，拉动签约国整个工业体系向中国航天倾斜。

9.4.4 与期待参与航天发展的企盼者（航天技术应用国家）的合作方向及模式——以出租卫星、出售数据，获取经济利益为主

与土库曼斯坦这类国家合作，主要方向是以引导其对卫星的使用为主，推进航天技术的应用。尤其在土库曼斯坦这种有着丰富的石油和天然气资源的国家，发挥卫星遥感、导航和通信技术，可以服务于资源的勘探开发、石油开采、油气管道规划和铺设等领域，同时服务于环境和生态保护。另外，在智慧城市建设、交通基建、农作物估产、潮汐监控等领域，卫星也能提供高水平的信息化手段，推动农、林、牧、渔业的发展。针对这一特点，前期可借助卫星应用产品作为敲门砖进入该领域市场，从而逐渐实现“以地带星”，通过卫星应用牵引出空间段航天项目。主要合作模式见表9-4。

表9-4 中土合作模式及策略

<table>
<tr><th>合作目的</th><th>合作方向</th><th>合作方式</th></tr>
<tr><td rowspan="2">分享航天科技成果；促进本国经济发展</td><td>在卫星通信、导航、遥感领域，提供系统解决方案：包括卫星、发射服务、地面系统、保险和融资支持在内的一揽子产品和服务</td><td>灵活采用优贷、商贷、融资、以资源换贷款等方式，为其建造卫星；
整星出租，收取服务费；
出售数据；
出售终端设备、建设数据处理系统等；
输出设计工具；
提供实施与咨询服务</td></tr>
<tr><td>航天技术转化产品与服务、卫星应用产品与服务</td><td>政企合作，开展技术交流：政府与政府以搭建平台为主，促进优势企业产业价值链一体化发展，充分利用和吸纳国内外各市场主体的优势和资源；
民营投入：以国有企业为市场主体，允许民营企业在国家政策允许范围内，充分利用自身机制体制灵活及在产业链某环节强、精、专的优势，广泛参与</td></tr>
</table>

此类国家虽然对于航天技术产业应用有需求，有商业航天市场的开发潜力，但不同于前几类航天实力雄厚或具备一定基础的国家，此类国家中也存在较多的老少边穷国家，同时也有很多矿产丰富的国家，与此类国家合作还应重点考虑各国不同的经济实力，灵活采用优贷、商贷、融资、以资源换贷款等方式。

9.5 发展建议

站在企业的角度、以国际商业航天为目标市场，本章通过对2016年卫星产业市场形势进行分析后得出：卫星应用是商业航天最重要的领域，卫星运营服务业是最大的细分市场。基于此，结合中国航天在卫星应用的卫星通信、卫星导航、卫星遥感这三大领域的优势及“一带一路”沿线国家对航天合作的诉求，对中国航天与沿线国家日后的合作方向进行了展望。中国航天企业以此为方向，大力拓展沿线国家卫星通信、导航和遥感领域的运营、服务及地面制造设备等方面的市场，兼顾太空旅游、太空采矿、深空探测等航天技术应用发展，不仅能找到中国航天新的经济增长点，同时也能满足沿线国家实现维护国家安全、拉动经济增长、提高科技水平和改善民生等方面的要求。

9.5.1 通过学界互动，促进国际化进程

积极学习借鉴欧盟“地平线2020”计划模式，促进国家间联动：鼓励多方积极参与，申报项目研究领域需多国共同推荐和认可，并获得资源链接；支持一国创新人才连接国际网络，提高成员国组织网络的协调能力。加强国际合作：以广泛的、开放的方式，以多边的、开放的国际合作活动为主导，以有针对性的、双边的国际合作活动为辅助模式（图9-1）。

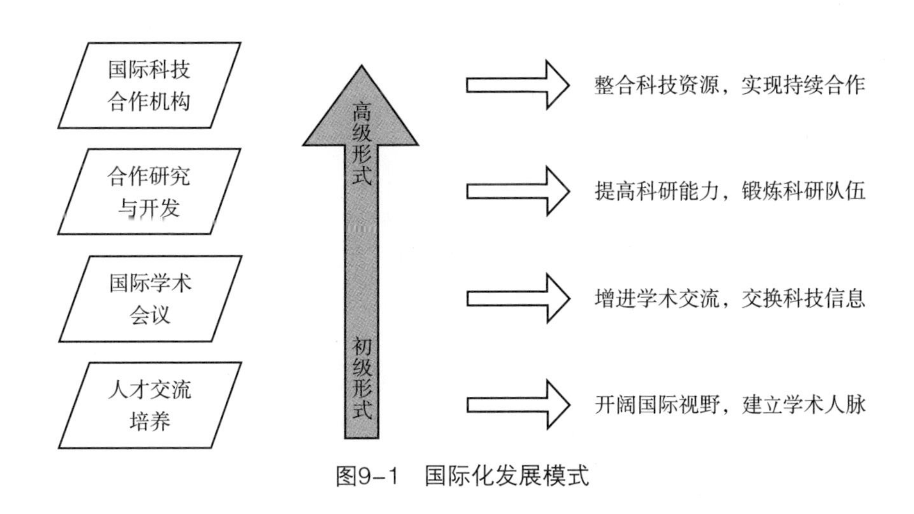

图9-1 国际化发展模式

加强机构层面的合作和宣传。国家层面的合作和宣传虽然能获得良好的效果，但往往需要耗费大量的人力和财力，反观机构层面的合作和宣传却具有涉及的范围小、成本低、见效快等特点。通常，大学、企业等机构的国际合作只局限在以往的合作伙伴上，这往往无法达成扩大合作的目的。H2020的参与者可在欧盟委员会的官方网站上注册填写自己的资料信息以及意向的合作伙伴，通过网络的方式寻找到最合适的合作伙伴（图9-2、图9-3）。

（1）协同创新中心的跨国协作组织模式。协同创新中心的跨国合作往往需要面临许多困难，例如时间和空间问题、研究习惯和理念问题、文化背景和语言问题等。这诸多问题的协调和解决需要有一整套合适的应对策略。跨国协作组织模式的构建需要在提升人才国家化程度和合作机构国际化程度的基础上，组建国际化的咨询团队，提升评审和监督的国际化等。

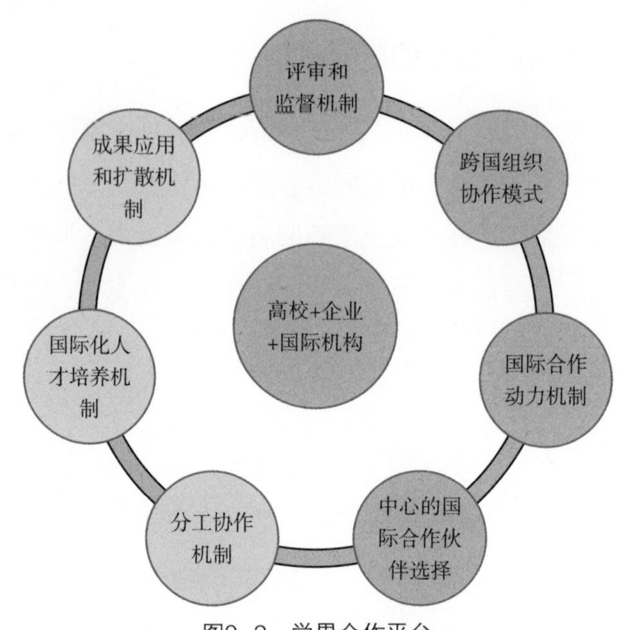

图9-2 学界合作平台

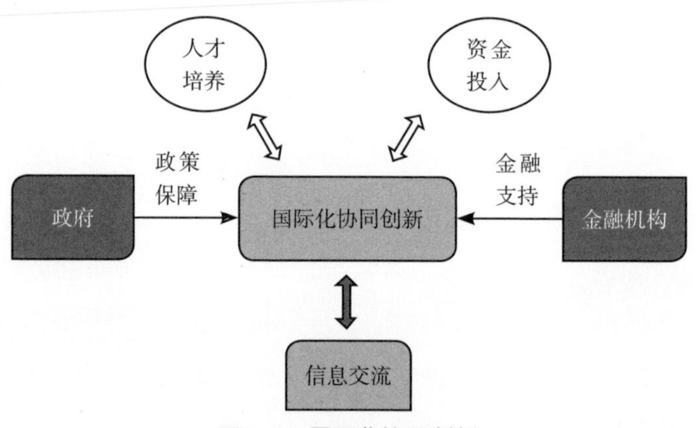

图9-3 国际化协同创新

（2）协同创新中心的国际合作动力机制。国际合作的动力来源于合作的受益大于合作的成本。了解合作受益和合作成本的基础在于对国外优秀研究机构的了解，即对自身研究不足的认识和对国外机构研究资源的需求。因此协同创新中心需要以形成国际合作的动力机制为目标，以国际化的视野看待自身发展水平，同时积极获取国外研究进展的信息。

（3）协同创新中心的国际合作伙伴选择机制。该机制应依托于外部力量，主要是网络力量和中介力量。网络搜索主要依托中心内部力量，通过网络跨越空间，搜寻在全球范围内锁定合作目标，进而进行合作沟通和合作达成。中介力量的作用在于通过专业化的服务和已有的资源基础，节约搜寻成本和搜寻时间，在自身能力范围内为协同创新中心寻找到最合适的合作伙伴。

（4）协同创新中心的分工协作机制。该机制的优势在于当中心的各个合作机构的优势方向不同时，对不同的研究方向进行划分，由各个合作机构进行分工协作，即实现优势互补。以量子信息与量子科技前沿协同创新中心为例，中心下设六个研究部，中国科技大学、南京大学、中国科学院上海技术物理研究所、中国科学院半导体研究所分别在自身优秀领域的研究部承担不同研究方向的协同创新任务。

（5）协同创新中心的国际化人才培养机制。该机制主要由选派和资助中心内部的优秀学者到海外开展研究、学习技术，结束后返回中心，以及吸引国外优秀的学者到投入中心进行科研工作两部分构成。设立该机制的好处在于，使人才的流动、培养和引进成体系，稳步推进协同创新中心人才梯队的建设和智力实力的增强。

（6）协同创新中心成果应用和扩散机制。我国专利申请水平早已超过日本、美国，成为全球第一，然而，据《中国科学报》数据显示，我国2011年的专利技术实施率仅为0.29%，这也是我国科技进步对经济增长的贡献率远低于发达国家的原因。“2011计划”旨在提升我国国家创新能力，促进经济发展，因而协同创新中心的科研成果的转化、应用和扩散也是至关重要的。形成成果应用和扩散机制关键是要与市场接轨，依托企业的生产能力和市场资源，使成果有处可去。以“长三角绿色制药协同创新中心”为例，与本地骨干药企共建校企联合研发中心，以这些企业为成果实施企业，不仅为企业创造了巨大的受益，也带来了巨大的社会效益，促进了中心研究水平的进一步提升。

（7）协同创新中心的评审和监督机制。该机制主要来自中心内部和外部两个部分。内部评审和监督机制方便中心随时进行自我检查，及时发现问题，并向政府和公众汇报中心运行状况；外部评审和监督主要需要依靠来自政府的力量和社会舆论的力量。我国项目的评审监督过程不严密且透明度不高，缺少事后评价和外部评估是一直存在的问题，协同创新中心的运行必须摒弃所有可能引起这些问题的不良做法，内外并行，确保中心的良好运行。

9.5.2 搭建合作平台，扩展合作领域

在“一带一路”的合作平台上，可以通过一批项目或重点领域来推进合作。在为不同经济体提供不同合作模式的方式下，“一带一路”能够促进区域更加均衡、可持续发展。目前近10个国家都已开始从战略规划的层面积极谋划，“一带一路”沿线的17个国家已经与中国开展了大规模的产能合作。有的国家还设立了专门的部门或岗位来支持“一带一路”建设。“一带一路”平台对所有国家开放，其对象不只是古丝路沿线国家；“一带一路”平台为众多行业带来机会，而不局限于外交、外贸领域。

“一带一路”国际合作高峰论坛就是以研究和探讨某一领域存在的问题、促进区域合作与交流为宗旨的一种组织或平台，已经成为各方围绕“一带一路”建设相互沟通的平台，以开放包容、合作共赢理念为引领，推动航天技术、航天产品、航天服务走向全球。

例如，从国家战略到山西“建设丝绸之路经济带新起点”的区域布局，就是通过搭建平台主动将发展融入建设“一带一路”大格局中，提出围绕“一带一路”，建设五个平台中心：综合交通枢纽中心、国际贸易物流中心、科技教育文化旅游交流中心、能源金融中心、经贸合作中心。

参考文献

[1] 王德宏. “一带一路”商业模式与风险管理[M]. 中国人民大学出版社. 2020: 312–356.
[2] 宋秀琚. 国际合作理论：批判与建构[D]. 华中师范大学,2006.
[3] 蔺陆洲. 从太空竞赛到空间合作航天外交的理论建构与现实转型[D]. 外交学院, 2020.DOI: 10.27373/d.cnki.gwjxc.2020.000334.
[4] 杨楠. 华为技术有限公司国际化发展策略分析[D]. 辽宁大学, 2013.
[5] 胡文瑞. 美国国际空间站的经历与探索及对我国的启示[J]. 中国科学院院刊, 2010, 25(03): 335–344.
[6] 胡文瑞. 美国国际空间站的经历与探索及对我国的启示[J]. 中国科学院院刊, 2010, 25(03): 335–344.
[7] “龙计划”来龙去脉——我国遥感科技领域的最大国际合作项目[J]. 国际太空, 2014(10): 14–21.
[8] 甄树宁. “一带一路”国际科技合作模式研究[J]. 国际经济合作, 2016(04): 26–27.
[9] 张海华. “一带一路”国家在航天领域的合作模式探讨[J]. 卫星应用, 2018(08): 19–23.
[10] 汪夏, 李帅. 中国航天支撑“一带一路”的参与模式[J]. 中国军转民, 2019(05): 83–85.
[11] 宋宛婷. “一带一路”倡议下中国PPP国际合作策略研究[D]. 电子科技大学, 2019.
[12] 何漫, 黄超, 潘健, 刘洋. 新形势下的航天企业国际科技合作模式探索与思考[J]. 航天工业管理, 2020(04): 22–24.
[13] 欧阳平超, 李国旗, 林仁红. “一带一路”空间信息走廊发展的思考[J]. 中国航天, 2021(01): 62–66.
[14] 张肖平. “一带一路”背景下中俄科技合作研究[D]. 黑龙江大学, 2018.
[15] Singh, Gurbachan, Bundela, D S, Sethi, Madhurama,Lal, Khajanchi,Kamra, S K. Remote Sensing and Geographic Information System for Appraisal of Salt–Affected Soils in India[J]. Journal of Environmental Quality . 2010 (1).
[16] 高峰, 冯筠, 侯春梅, 陈春. 世界主要国家对地观测技术发展策略[J]. 遥感技术与应用, 2006 (06): 565–576.
[17] 陈蕾. 中国空间合作机制研究[D]. 北京理工大学, 2016.
[18] 李卓键. 美国卫星产业组织研究[D]. 吉林大学, 2019.DOI: 10.27162/d.cnki.gjlin.2019. 000132.
[19] 顾行发, 余涛, 高军, 等. 面向应用的航天遥感科学论证研究[J]. 遥感学报, 2016, 20(05): 807–826.
[20] 毛凌野. 2017年《卫星产业状况报告》[J]. 卫星应用, 2017(08): 57–61.